女孩的

第一本

心理
智慧书

杨克强◎著

中国纺织出版社

内 容 提 要

青春期，既充满着激情和动力，又充满着神秘与诱惑。在这美好的岁月里，女孩如同待绽的花蕾，需要细心的呵护。

本书就青春期女孩的心理进行深入分析，从女孩青春期可能遇到的困惑和疑问、女孩自我保护措施、女孩与异性交往的小技巧、女孩如何让自己更具魅力等方面为女孩提供正确有效的指导，让女孩成长为一个聪明、成熟有智慧、有魅力的女人。

图书在版编目（CIP）数据

女孩的第一本心理智慧书 / 杨克强著.--北京：中国纺织出版社，2018.1
ISBN 978-7-5180-4810-6

Ⅰ.①女…　Ⅱ.①杨…　Ⅲ.①女性—青少年心理学—少年读物 Ⅳ.①B844.2-49

中国版本图书馆CIP数据核字（2018）第050029号

责任编辑：闫 星　　特约编辑：李 杨　　责任印制：储志伟

中国纺织出版社出版发行
地址：北京市朝阳区百子湾东里A407号楼　邮政编码：100124
销售电话：010—67004422　传真：010—87155801
http://www.c-textilep.com
E-mail：faxing@c-textilep.com
中国纺织出版社天猫旗舰店
官方微博http://weibo.com/2119887771
三河市宏盛印务有限公司印刷　各地新华书店经销
2018年1月第1版第1次印刷
开本：710×1000　1/16　印张：13
字数：200千字　定价：36.80元

序 preface

唐代杜牧的《赠别》诗中有"娉娉袅袅十三余，豆蔻梢头二月初"之句。人们常用"豆蔻年华"来形容十几岁的女孩子。处于豆蔻年华的女孩，对她们的形容都是美好的，都是赞美。世间的每一个女孩都是独一无二的存在。我们无法选择岁月，却有权选择过怎样的生活。无论是贫穷还是富足，是否有姣好的面容，在成长的路上，学会丰富自己的内涵，提升自己，以积极的心态，勇敢迎接未来的重重考验。

在任何场合、任何时间，女孩都能由内而外地散发出一种优雅的气息，在一个个细节之间，让人感受如沐春风。你的内在是你最好的化妆品，你的不俗谈吐，你的素雅温和，你的善良单纯，便成就了独一无二的你。

在青春期阶段，女孩的生理上和心理上所产生的一系列明显且微妙的变化主要有：第二性特征的迅速发育，伴随着生理的变化，女孩的心理也在经历着巨大变化，女孩开始表现出对性知识的渴望与好奇、对异性产生的莫名好感等。

面对来自生理与心理的种种困惑，少女们如果对青春期没有全面的了解，没有得到科学的指导，就可能会陷入迷惑与焦虑之中，严重的甚至出现道德偏离行为。据调查显示，由于青春期少女对青春期不了解，加之一些不良信息的引导，她们无法正确把握与异性交往的度，不知道友情和爱情的界限，发生了

很多越线的行为，从而导致很多未成年的少女做引产、人工流产的比例呈现出逐年上升的趋势。这不仅危害女孩们的身心健康，还给社会造成不良影响。如何轻松、健康地度过这一关键时期，已成为大家关注的问题。

针对青春期女性朋友都会遇到的这一系列问题，从事智慧教育研究多年的杨克强先生倾情奉献，编写了这本具有重要理论与实践紧密结合的百科知识普及佳作，令人感动。本书文字简单明了，灵秀隽永，故事短小，但意义深远，用心体会就能获得一丝感悟。这本书是为女孩量身定制的百科全书，从生理以及心理变化到成长的苦恼，从心理卫生到异性交往、保护自己，几乎无所不包，面面俱到。全书共有十六章，包括女孩可能遇到的种种困惑，如何让你更有魅力，如何提升自己，每个故事都会让你茅塞顿开，心智敞亮。让你在读故事的同时，都能有所收获，在生活中做出一些小小的改变，让女孩在未来的日子里更加美好！

我和夫人王秀华的宝贝女儿王雨轩与本书作者杨克强先生及其夫人黎红的宝贝女儿杨婧宇年龄相仿，均未成年，谨以本书献给天下所有未成年的花季女孩和她们的爸爸妈妈们！

王京忠

2018年1月

（本序作者王京忠同志系新华社高级经济师、《半月谈》杂志社总经理、全国思想政治工作创新奖评选办主任、全国中学生奖学金评选办主任）

目 录 Contents

第01章

成长是一种探寻，
面对未知你准备好了吗

女孩的成长包括身体的成长和心灵的成长，我们往往只注重了身体的层面，而忽略了心灵的层面。其实，在女孩的成长过程中，心灵的成长需要更多的关注，对于这些，你了解多少呢？面对未来，你准备好了吗？

每个女孩都是独一无二的天使

每个女孩都是一个天使，是独一无二的存在。每个女孩都有自己的优点，心地善良、热情大方、待人真诚……这些都能让女孩获得别人的喜爱。有的女孩对自己不满意，可能只是缺乏了一点点的自信，活在别人的看法或者评论中，也就失去了自我。在与人相处的过程中，大家都忽略这类人的存在。因为当一个人在总是附和别人，没有自己的特点和想法，试想一下，谁又愿意和这种提线木偶做朋友呢？

萌萌从小就特别敏感而腼腆，她一直觉得自己的身材不够好，长得不够高，还觉得自己很胖，总觉得自己不如别人。妈妈教育萌萌，一个女孩并不需要认真的装扮，她总是对萌萌说："宽衣好穿，窄衣易破。"而萌萌也按照这个原则来选择衣服。这也就造成了萌萌的穿着装扮的风格和身边的同龄女孩格格不入，进而也影响到了她的行为和心理方面。她从来不和其他孩子一起做室外活动，甚至不上体育课。她变得愈加害羞，觉得自己和其他人不一样，总是形单影只。

大学毕业后，萌萌嫁给一个比她大几岁的男人，可是她的情况并没有任何改变。丈夫一家人都很好，每个人都是积极乐观的。萌萌努力地想要改变自己，想要像家人一样快乐起来，但是她整天闷闷不乐。大家为了使萌萌开心也是尝试了各种办法，但是这样使萌萌负担更重了。她开始害怕和人交往，甚至连门铃响都会莫名害怕。

　　萌萌觉得自己成为了一个彻头彻尾的失败者，又怕她的丈夫嫌恶她，所以每次出现在公共场合的时候，她都会刻意去模仿某个看似优雅的人的动作或表情，她总是假装自己很开心，结果别人都说她很做作。事后，萌萌会为此难过好几天，她感觉自己的生活十分压抑。

　　一天，萌萌的婆婆正在谈她怎么教育她的几个孩子，她说："不管发生什么，每个人都应该学会保持本色，不要迷失自我。"

　　"保持本色！"就是这句话！在那一刹那，萌萌才发现自己的问题，她一直在试着让自己适应一个并不适合自己的模式。

　　萌萌后来回忆道："在一夜之间我的状态就改变了，我开始学着保持本色，不再刻意模仿任何人。我开始试着研究我自己的个性、优点，拿起了我曾经喜欢的色彩和服饰的知识，不再总是沉浸在模仿别人的世界里，而是学着根据自己的特点，选择适合自己的服饰，不再蜷缩在自己的世界，而是主动走向人群，开始结交新的朋友。我还和朋友一起参加了一个社团组织，这次经历感觉让我打开了新世界的大门。每天我都在不断成长，虽然对朋友邀请我参加社团很惊讶，但是我发现每次参加活动，感觉自己就会更自信一点，快乐一点。这是我从来没有想到自己会拥有的。在教育我自己的孩子时，我也总是把我从痛苦的经验中所学到的教给他们："不管事情怎么样，总要保持本色。""

　　每个女孩都是独特的存在，都有自己的优点，也许你没有优异的成绩，但是你运动细胞发达；也许你没有漂亮的容貌，但是你善良、真诚，待人热情，也能在自己人生的舞台上绽放独特的光芒，演绎自己独一无二的人生。就像世界上没有没有两片一模一样的树叶一样，你也正是这个世界上独一无二的存在，谁也无法取代。所以，你没必要总是羡慕别人所拥有的，也没必要活在别人的光环之下，你应该找到属于自己的路，活出自己的精彩。

　　1. 每个女孩都有自己的舞台

　　每个女孩都是独特的，都有自己的天赋。这种天赋是我们人生的美丽点

缀，让我们的生活更加丰富多彩。所以，不用总是羡慕别人，不要忽略自己身上的闪光点，不要被别人的光芒淹没，不要总是关注自己的缺点，而是要看到自己的优点，只有充分地认识自己，才能获得成功。

2. 每个女孩都能变得更加美好

女孩，不要因为自己的缺点而不自信，不要因此而伤心、难过。正是因为我们的缺点，才促使我们不断向上，追求更加优秀的自己，创造更加绚烂的人生。何必为了自己的缺点而自卑、而烦恼，生命本就是一点一滴地去完善。不必因为美好中的一点点小小瑕疵而抱怨，你就是你，有独属于你的姿态，自己的闪光点，放弃那些让自己低落的因素，让自己快乐起来，你将变得更加优秀。

3. 每个女孩都能谱写快乐人生

每个女孩都是最特别的，都有自己的路要走。人生的路上，就看你如何抉择，是选择轻松地获得成功，还是坚强地一步步前行，努力获得成功。拥有梦想的人生，让你更加闪光，不轻言放弃，谱写快乐、成功的灿烂人生。

智慧锦囊 ❁✦❁✦❁✦❁✦❁✦❁✦❁✦❁✦❁

每个女孩都是独一无二的天使，不仅拥有充足的时光去实现自己的梦想，还有一个独特的自我卓尔不群。人生不是一场没有终点的追逐竞赛，无须与别人不断横向比较，也不需要抛弃自我，模仿他人，每个人都是了不起的，都可以选择自己的人生方向，然后通过自己的努力收获一份属于自己的壮丽。

成长的路上，学会独自面对

俗话说："没有不下雨的天，也没有不起浪的河，更没有不摔跤的人。"成长的路上，挫折就如阻碍我们前行的顽石，是人生的必经之路。我们每一个人都要面对各种各样的挫折。然而在漫长的人生之路上，挫折本身并不是最可怕的，可怕的是你向挫折屈服，失去了和它博弈的勇气，就此走向失败。与其在挫折的困苦中苦苦挣扎，生活在一片灰暗之中，不如选择奋起反抗，勇敢迎接挫折。这也许是一段痛苦的时光，但只有那些经历了挫折而没有被打倒的人，才能更好地实现自我价值，成就自己，创造辉煌。而那些被挫折打败的人，就只能品尝失败的滋味，难以获得成功的喜悦。女孩只有学会独立面对，在失败时才能看到希望的曙光，才能不断成长，成为理想中的自己。

美国前第一夫人希拉里·克林顿在4岁的时候，随父母举家从外地迁往芝加哥郊区。面对着陌生的环境和人群，这个天性好动、乐观勇敢的小女孩却并没有太过于烦闷，她依旧像过去那样，每天开开心心，想要在这新的地方交一些新朋友。

可让这个4岁女孩意想不到的是，她在这里遇到了一些小困难，这个地方的小孩子都很欺生，每当小希拉里想要加入他们的游戏的时候，她总是遭到他人的嘲笑甚至殴打。

每到这种时刻，受尽委屈的小希拉里总会哭哭啼啼地向父母哭诉，总是希望父母能够教训那些欺负她的孩子，但她的父母却总是用"自己的事情要自己去解决"来回应她的请求。

一次，当小希拉里拿着自己心爱的玩具试图跟陌生的小孩套近乎时，那些孩子却说出了这样的话："嗨，你们看那个傻妞手里的是什么？那不是一个比她还要蠢的玩具吗！"然后，她手里的玩具被他们抢到手里，并狠狠地扔到地上，做了这些还不够，他们还上前狠狠踩了起来，小希拉里想上前阻止他们的行为，却被那群孩子摁在地上打了一顿。小希拉里又一次选择了逃离，向她觉得安全的家里跑去。外出归来的妈妈在大门口遇到了满脸血污的女儿，这一次，她还没有哭诉妈妈就将她赶了出去，"你怎么一遇到挫折就知道往家里躲，赶紧回去，你应该学会自己面对困难了，你要靠自己的能力拿回属于你的

玩具，我们家里可没有你这样的胆小鬼！"小希拉里还是不停地哭泣，可这并不能改变母亲的态度，不得已，她只好硬着头皮又回到了让她伤心的地方。

小希拉里的再次出现已经让那些孩子惊叹不已。"把我的玩具还给我！"小希拉里大声地说道，她眼里所闪现的视死如归般的坚决让这些小孩子颇为胆怯。他们没想到小希拉里会回来，更没料到这个看似弱不禁风的小女孩居然有向他们抗争的勇气，这样的女孩让他们敬畏。于是，那个被他们扔到地上的玩具被领头的孩子捡起来，笑着递给了小希拉里，并且邀请她加入他们的团队。4岁的希拉里便以非凡勇气独立战胜了困难，赢得了新朋友。

成长是一场不见硝烟的战场，挫折可能随时出现，女孩应该学会勇敢面对，才能实现自己的梦想。

1. 面对挫折，沉着冷静

一个人遇到挫折时，首先应该保持沉着冷静，不慌不怒，冷静分析所遇到的问题，再寻求有效的解决方法。对于那些一时无法解决的事情，可采用迂回的办法。倘若原来太高的目标一时无法实现，可用比较容易达到的目标来替代，这也是一种不错的方式。

2. 培养女孩对待挫折的正确态度

女孩更容易情绪化，很容易受到身边的人或者事物的影响，而出现情绪不稳定的情况。而在面对困难的时候，这种情况尤其突出。女孩往往会受到消极情绪的影响，不再冷静，不能以正确的态度面对失败和挫折，这就要求女孩们学会做自己情绪的主人，培养积极乐观的生活态度，不过多地受消极情绪的影响，有化悲观为向上的力量。这样，无论未来遇到何种不好的事情，都能勇敢面对，直面挫折，做快乐的女孩。

3. 从挫折中看到成功的希望

挫折具有双面性，既有有利的一面，同时也有不利的一面。把握好了，挫折就是让女孩走向成熟的推动力，把握不好，就是将女孩推向深渊的背后黑手。女孩在遇到挫折的时候，应该意识到，挫折并不是那么难以克服的，只要你有足够的信心，有不放弃的信念，从失败中总结经验教训，就能取得成功。

智慧锦囊 ★───★───★───★───★───★───★───★───★───★───★

挫折是我们人生中的一笔宝贵财富，没有经历过挫折的人生是不完整的。挫折能够磨砺女孩的意志，升华我们的人生追求，使我们不断成长，越加成熟。一个成功的女孩，能在挫折中不断进步，发现自己的不足，学会勇敢面对挫折，将挫折当作成功的必经之路，在人生的舞台上绽放属于自己的光芒。

女孩应该学会坚强，坚强为自己

狄更斯说过："顽强的毅力可以征服世界上任何一座高峰。"不要抱怨生活给予我们太多的困苦，在我们接受挑战的同时，生活也赐予了我们坚强。不要因为冬天的寒冷而失去对春天的盼望。微笑着面对挫折，品味孤独，战胜忧伤，用坚强面对一切一切！成功终究会属于坚强的你！

坚强是一种品质，只有学会坚强，才不会在挫折面前一蹶不振，才经历得起风雨的磨砺。坚强也是一把双刃剑，多则盈，少则亏。缺少坚强做伴的人，或是唯唯诺诺，失去自我；或是哀哀怨怨，陷在一件可大可小的事里，挣扎在一段越理越乱的感情里不能自拔。总而言之，我们要活得有自我，能够战胜挫折，而坚强的心态是第一要素。

姗姗是一个从高等学府毕业的女孩，她的求学之路是不平凡的、崎岖的。和别人相比，她是那么的与众不同，因为她是一个四肢瘫痪的人。她的故事感动且激励着身边的人。

在姗姗还是个初中生的时候，因为一场车祸，她脖子以下的身体都毫无知觉了，她成了一个瘫痪的"废人"。虽然由于车祸，姗姗和别人不一样，但在

她小小的身体中，藏着深深的渴望，她想要重新回到校园，畅游在知识的海洋中，与老师和同学一起学习。家人对此十分担心，因为他们认为这对姗姗来说是一个难以实现的愿望。

随着科学技术的飞速发展，姗姗也开始能够动了，虽然她的四肢还是老样子，无法行动，但是在她的嘴里，藏着一些小秘密，她可以用安装在嘴里的控制键来控制轮椅和电脑鼠标，也是因为能够熟练地操控这些，所以她才有了重新学习知识的机会。姗姗在学校的成绩一直很优异，她以平均为A的成绩完成了心理学和生物学的学士学位，她所学的心理学和生物学专业，是十分难学的学科。不要说像姗姗这样的学生，即使对于一个身体健全的人来说都是一项十分困难的任务，但她却做到了，而且成绩还十分优异。她能够实现这些梦想，主要归功于她将自己的生活底线无限放低。

在毕业典礼上，她被学校选中作为优秀毕业生代表发言。这个坚强的女孩在典礼上说了最简单也最打动人的话，她讲述了自己每天的生活状态，说了自己这些年的经历，最后她说："这就是我现在的生活，无论遇到什么事情，我都不能让那些我不能做的事情来左右我，所以对于我来说，这些事最终不过变成一件事，那就是活下去。"

人生常常要面临很多挫折和考验，不要因一时的失意而一蹶不振。其实，当你走过这段艰苦的时期，你就会发现，它们只是漫漫人生路中的渺小的存在，遇到了它们，只要昂首阔步，坚定地勇往直前，披荆斩棘，那么一切终将过去，你将会获得更加美好的人生。

1. 微笑面对生活

微笑，是一种修养，也是一种内在的涵养。微笑，拉近了彼此的距离，让初次见面的人也没有那么多的陌生感。当人们遭遇挫折和失败的时候，若选择用微笑面对，跨越重重难关，那么终将获得生活赋予我们的无限惊喜。所以，面对困难险阻，学会用微笑面对，你将发现生活的绚丽多彩无处不在。

2. 要明白困难并不是难以逾越的

困难只是美好人生的装饰，并不是难以逾越的。在生活中，我们总是会遇到各种各样的困难，但是当我们鼓起勇气战胜那些困难后，蓦然回首，我们就会发现那些曾经看似十分难以逾越的困难是如此渺小。遇到困难，我们要做的就是学会勇敢，学会坚强，那么你就能很快到达成功的彼岸。

3. 正确面对失败

每个人都渴望成功，但在追寻成功的路上，失败总是如影随形，成功总是迟迟未至。我们总是会经历无数次的失败，才能看到成功的曙光。

纵观古今历史，多少伟人也都是从失败中走过，坚定地走向了成功。没有失败和挫折，就不会有成功。女孩应具有迎接失败的心理准备，成功的机遇就在我们的身边，即使等来的是失败，也应该抓紧身边的每一个机会。女孩应该正确面对失败，调整自己的状态，增强自己的社会适应能力，坚信失败乃成功之母，把每次失败当成积累成功的素材，在每一次失败中都能看到成功的希望，那么就能化消极为积极，坚强地迎接未来的难关，走向成功的彼岸。

智慧锦囊

只要不懈地坚持，就不会有克服不了的困难。无论你面临何种困境，生活给予了你什么样的磨难，只要拥有坚定的信念，那些小小的困难都阻止不了你实现自我价值的脚步。蓦然回首，经历过的挫折和困苦已经成为人生的一笔宝贵财富，成为督促你上进的助力，让你更快地实现自己的目标，实现自己的价值。

拥有自我管理能力，让女孩更加优秀

自管理能力是高情商的一个重要体现。它渗透到我们生活的方方面面，如

做事有自制力，就能不为外界的因素所干扰；受挫能力强；有良好的自我管理能力；做事有计划性、有条理；能做自己情绪的主人，能了解并体谅他人的情绪波动等，都是有自我管理能力的表现。

学会自我管理，就是自己独立的开端。自我管理对每个人都有重要作用，它是我们人生中不可或缺的重要课题，对女孩来说更是一项素质必修课。学会自我管理的女孩，能够独立在社会中立足，更能很好地融入社会，更好地学习和生活。

但是，很多女孩还没有意识到自我管理能力的重要性。他们事事依赖别人，总是以自己还小为借口，总是躲在老师和家长的臂弯之下，那么何时自己才能把握自己的生活，学会自我管理呢？

婉婷初中毕业，马上就要上高中了，这也就意味着她要开始住宿生活了。但是她的妈妈对此担心不已，因为无论在生活中，还是在学习上，她都是一团乱。记得婉婷刚上一年级的时候，每个日常的上学日就像一场"乱战"——不是课本找不到了，就是作业不知放在何处，等到好不容易全部准备妥当准备坐校车去学校的时候，她又发现自己忘记戴红领巾了。

婉婷缺乏自我管理能力，这让她的妈妈非常头疼。妈妈逐渐意识到培养女儿自我管理能力的重要性。婉婷的妈妈开始逐渐锻炼女儿的自我管理能力，她告诉女儿自己的事情自己做，自己的东西自己管，自己的生活自己安排。

刚开始，婉婷很难适应，每次都是可怜地看着妈妈，但妈妈总是"视而不见"。长此以往，婉婷只好自己动手。渐渐地，婉婷学着安排自己的生活。

在这个基础上，妈妈开始引导女儿自己制订学习计划，自己洗衣服、叠衣服，还让她自己管理自己的零花钱。在学习上，妈妈也不再像之前那样总是监督她，而是给了婉婷更多的自由空间。这样做的目的就是在学习方面培养婉婷的自我管理能力。

一段时间的锻炼以后，婉婷渐渐体会到了自我管理的重要性。在妈妈的帮助下，婉婷慢慢学会了自我管理。高中生活开始了，妈妈再也不用担心婉婷的生活了，因为她已经有了自我管理的能力了。

随着女孩年龄的不断成长，自我管理能力对我们的生活影响也越来越大，它的作用是不容忽视的。对于每个人而言，从我们出生到长大这个漫长的过程，如果缺乏了自我管理能力、明辨是非的能力，放任自己的言行，不加约束，我们就会产生人格的偏离，严重影响身心健康，严重者还能引发违法犯罪行为，危害社会和谐稳定，这是十分不可取的。

那么，该如何培养自我管理的能力呢?

1. 自我管理最重要的一条就是自我反省，自我认识

要想让女孩掌握自己的命运，规划自己的人生，首先要让女孩学会自我分析，学会正确地认识自己，客观地分清自己的优势和劣势、优点和不足、长处和短处，从而不断地完善和提高自己。

2. 学会管理自己的情绪

其实情绪无所谓对错，只是表现的方式能否被社会所接受。所谓学会情绪管理，并非压抑负面情绪，不让其见天日，而是在表达负面情绪的时候，要保证不会对社会、对他人造成伤害。学会情绪表达的多面性，因为情绪表达的各种面貌都蕴藏着情绪转化的可能，消极情绪可以转化为积极情绪，比如，哭完之后女孩通常会感觉心里很痛快，不再陷于烦恼之中。不要一味压抑自己的负面情绪，应该认识到情绪表达的所有面貌，只有消极的情绪得到释放，健康的情绪才得以产生。

3. 做好自我管理，注意三个关键问题

想要培养自我管理的能力，首先就是做计划，从小目标开始，到阶段性目标、大目标，当然有了这些计划之后，还应该制定达到这些目标的计划。计划不只是停留在书面上，而是要逐步落实的，这样计划才体现出了它们的价值。

写日记，是一个不错的选择。通过写日记，记录自己的进度。日记，可以

检验女孩自我管理的情况，自己每天有哪些进步，还有哪些需要改进的地方，日记见证你的点滴进步，记录你的成长。日记中还记录着你的欢喜和悲伤，记录你的幸福和惆怅，记录你的成功和失败。

当然，还要学会自我控制，控制自己的情绪，做自己情绪的主人，控制自己的感情和欲望。最高境界就是自己在追梦的过程中，能够严格要求自己，严格要求自己的思想，严格约束自己的行为，逐步落实计划，提高自我管理的自觉性。

智慧锦囊 ★━━━★━━━★━━━★━━━★━━━★━━━★━━━★

一个人能否获得成功，主要靠自己——靠自我管理。在你们黄金般的岁月，你们有健全的身体，有无限的潜能，拥有迈向成功的力量，学会自我管理，你们的理想之舟一定能达到彼岸，美好目标也终将实现。

充实的生活，精彩的人生

为什么有人一生充实无比，每天都十分快乐，而有人却觉得自己浑浑噩噩，虚度时光呢？其实，这就是充实人生与空虚人生的区别。内心充实的的人，生活才是精彩的。而那些没有梦想、没有目标、没有前进动力、不努力的生活形式，人生又有什么意义呢？

充实的人生是快乐的，充实并不仅限于物质的满足，它是内心富足的状态。假若你有很多金钱，但是人生失去了理想，整天过得浑浑噩噩，那么你的内心依旧是空虚的，优渥的物质条件也无法填补你内心的空缺，你依然无法体会到生活的快乐。假如你虽然物质上贫乏，但是你每天都在不断追逐自己的梦想，不断接近自己的目标，那么你每天就是快乐的，在忙碌中获得内心的满足。有计划、有收获的人生才能让你充实，而漫无目的地忙碌只会让你不堪重负，一次心灵的洗礼让生活充实，长时间的心灵饥渴只会让你的生活失去往日的精彩。

一个已故的牧师进入天堂，这正是他的愿望。到了那里，他发现一切都是那么美好，房子比他之前见过的所有房子都要美丽，是那么的富丽堂皇；不仅如此，在这里，他的所有愿望都有侍者来帮他实现。当他饿了的时候，侍者就会带着香喷喷的食物及时出现，当他渴了的时候，侍者就会立刻带着饮料出现在他面前。他觉得一切都如梦境般美好。

起初几天，牧师感到十分快乐，但是几天过后，他就开始觉得不自在了。因为他好像没有事情可做，他的要求总有别人替他实现。他想到了自己的公共事务、布道活动、教学和传教，越想越觉得不舒适，他开始变得十分焦躁，再也没有幸福的感觉。

这时，侍者又出现了："请问您需要什么？"牧师说："我不能一直坐在这里，我想有点事情可做。"侍者说："在这里，您的所有愿望，我们都会帮您实现，您还有什么活动的需要呢？"牧师变得心神不宁，说道："这哪里是天堂？为什么我会觉得不舒服呢？"侍者回答道："谁告诉你这是天堂？这是地狱！"

"这真的是地狱。"现在牧师明白了，"没有活动，没有交流或交谈，没有喜欢的事情可做，没有人需要我的帮助，那么生活还有什么意义呢？在这里，我迟早会发疯的。"

确实，一个人只有有事情可做，从做事情中才可以获得幸福感，才能感到真正的快乐。面对艰难困苦，竭尽所能地去奋斗，为自己打造一条属于自己的成功之路，实现自己心中的目标，才能让自己的内心充实起来，收获精彩的人生。

人的内心一旦充实起来，那么那些孤独、寂寞、难过的情绪也就会被逐渐忘掉，被满满的激情所取代，就算是遭遇巨大的不幸或者悲剧之时，在忙碌和

充实的工作和生活中，那些负面情绪也将消失无踪，更不要说那些孤单、寂寞的情绪了。

如果说，一生过得最充实的人，才能算是真正的伟人的话，燃烧自己的一切而逝世的凡高，应是名副其实的伟人。犹如尼采所说，在人世上遭受过最深的苦恼，吃过最多痛苦的人，才算是伟人。超越自我身心的最大界限，一生与苦恼奋斗不懈的凡高，真可算是度过最伟大、最充实的人生。

在人生的道路上，女孩要学会充实自己，完善自我，让自己在人生的舞台上，不至于失去属于自己的光芒。从现在开始，从点滴开始，把握每一次机会，不断充实自己，丰富自己的生活。

1. 培养自己的学习能力，充实自己的生活

知识是成功的重要因素。不要因为学习的无聊和单调就轻视知识的重要性，每个人都应该掌握几种真正的技能来充实自己。

学习知识之后，还要学会在实践中加以利用，遇到不了解的领域也要加紧学习，将自己所学的知识加以运用。充实自己的生活，那么，就从此刻开始，多阅读一些书籍，畅游在知识的海洋中，每天都有一点小进步，终将成就自己。这样就能形成一个良性循环，更多地发现生活中的美好，更好地实现自己的目标。

2. 拥有梦想

拥有梦想的人生，才是充实的。拥有了目标是成功的关键，也是成功必不可少的因素。没有目标的人，就像植物失去了阳光的普照、水源的滋润、清风的吹拂，就像雄鹰失去了翅膀、失去了热情，不再能翱翔天际。失去了目标的人，就没有前进的动力，安于现状，日子平淡如水。

只有拥有目标，并且为人生理想而努力奋斗的人，人生才是充实的，生活才会更加精彩。因为总有激情和热情陪伴着他们，充满斗志地去面对未来，规划自己的宏伟人生蓝图。

3. 自发自动

自发自动是成功的重要因素，想要成功就要付出努力，不要只把它停留在想法，要付诸实践。就如有一句话说："黄金随潮水流来，也要自己动手捞取才能拥有。"又如"自助者天助"，成功总要自己伸出手，行动起来，才有机会。因此，只有自己能奋发向上、自发自动、笃行务实，方显精彩人生。

智慧锦囊 ★　★　★　★　★　★　★　★　★　★　★

时间是最不偏私的，每个人每天都是同样多的时间，但是每个人都活出了不同的姿态。有的人过得充实，有的人过得空虚，这就是不同人生选择的结果。想要收获充实的人生，就要紧抓今天，把握时间，不虚度时光。在人生的旅途中，勇敢前行，不断成长，享受每个快乐的瞬间。充实是一种快乐，充实就能获得精彩人生。

第02章

有了"曲线美"，
接纳和欣赏自己

当青春的种子在女孩的身体内萌发的时候，女孩开始有了身体曲线美，正是"女大十八变，越变越好看"的时期，同时也是心理发育日趋成熟的阶段。当女孩开始有了曲线美，你做好心理准备了吗？

青春期，女孩开始有了曲线美

在青春期，女孩的生理开始发生变化。尤其是乳房开始发育后，女孩的第一道曲线开始显现。这个阶段，是乳房发育的重要阶段。而乳房的健康在女性形体美方面有重要作用。但是面对这一正常生理现象，很多女孩不了解，开始变得困惑、好奇，开始有了成长的烦恼。

刚上初中的思思，最近有了点小烦恼，原本每天嘻嘻哈哈的她，最近开始闷闷不乐了。这都是因为：

有一天上学路上，思思突然觉得胸口疼，这是之前都没有过的经历，既不是像摔破那样地疼，也不像打针一样地疼，胸部有一种胀鼓鼓的感觉，和小时候长牙那种疼倒有点儿像。她一路琢磨，不知不觉走到了学校门口，当看着别的女同学从自己身边走过，她似乎明白了什么。她低头看了看自己的胸部，感觉那里似乎不知不觉间开始凸起来了。思思的第一反应是赶快找地方躲起来，于是她立刻猫起腰，加快步伐，跑到教室后，迅速趴到桌子上，害怕别人注意到她的不同。

后来，思思总感觉有点怪怪的，那种之前胸部疼疼的感觉总是偶尔出现，摸一摸，感觉里面好像有硬硬的东西。再后来，胸部不光疼，而且还有点微微隆起。这到底是怎么回事呢？是生病了呀？思思开始担心自己的身体状况。

面对未知的身体变化，她开始变得手足无措。她想要问问妈妈这是怎么回事，可是妈妈出差了。只好去问了爸爸。爸爸听后，只是笑了笑说："没关系，不是什么大病，等妈妈回来就会告诉你是怎么回事了。"

几天后，她的妈妈终于回来了，爸爸对妈妈说："快看看你闺女去吧，她最近怀疑自己得病了。"

妈妈大惊失色地问思思是怎么回事，思思赶快对妈妈说起了自己的"胸部肿痛事件"。

听完思思的诉说，妈妈观察了女儿的胸部之后，乐呵呵地说："你这是长成大姑娘了，傻闺女，这是每个女孩的必经阶段，没有什么可担心的，也没有那么神秘。乳房慢慢发育起来了，这是女人的宝贝呢。"

思思这才注意到妈妈的胸部也是鼓起来的，而且特别鼓。

"原来，我没得什么病啊，更不是什么可怕的肿瘤啊。"妈妈听了思思的"总结发言"，禁不住哈哈大笑起来，摸着她的头，说："从现在开始，我们家小姑娘就要变成大姑娘了，胸部鼓起来是不是很漂亮呀？以后会越来越有曲线美的。"

每个女孩都有和思思同样的经历，女孩不了解青春期身体变化的秘密，开始会感到害怕。其实，这都是正常的生理现象。从你踏入青春期的大门开始，乳房就在悄悄地发生着变化。青春期后，最先开始变化的就是乳房。在这个阶段，人体内的一种激素开始变得活跃，在体内不断增加的雌性激素的作用下，女孩的乳腺就开始发育。在这个时期，还积累了不少脂肪，由于乳腺组织较硬而脂肪组织较柔软，所以乳房会逐渐隆起，且富有弹性，这是女孩长大的标志。

女性乳房在开始发育之后，胸部逐渐隆起，体形会更加健美，充满青春气息。但是很多女孩由于不了解身体发育的秘密，觉得这并不是好现象，会害羞，想要隐藏自己的小小变化。有的人因为担心自己乳房过大，还有的因胸部迟迟不发育而不安；乳房大了羞涩不已，乳房小又忧心忡忡，害怕自己是不是得了什么严重的疾病，这都是因为对青春期一无所知所造成的心理。因此，了

解一点青春期乳房发育的知识是十分必要的。

那么，青春期胸部发育有哪些小秘密呢？

1. 青春期乳房发育是正常生理现象

女孩的乳房发育是正常的生理现象。女孩应该为此高兴，因为这是你长大的证明；而不必感到害羞，要正确看待自己的成长，这是每个女孩的必经阶段。因此，不要给自己太大的压力，你要做的就是了解相关的知识，关注自己身体的变化，学会保护好自己，使自己免受伤害，就是最好的选择。

在这一阶段，女孩要特别注意，要注意休息，注意营养的摄入。女孩的身体是脆弱的，女孩也要学会保护好自己，不让自己受伤。正确面对自己的成长，不因害羞而含胸，抬头挺胸就好，不要失去了青春该有的姿态。

2. 女孩乳房的特点

乳房，属于女性生殖系统，是第二性征器官，也是哺乳器官。乳房是哺乳动物特有的结构，乳房在女孩进入青春期后开始发育，是青春期第二性征的最早显现。乳房主要由结缔组织、脂肪组织、乳腺、大量血管和神经等组织构成。随着年龄的变化，乳房的位置也会出现一些变化。

3. 学会保护乳房

面对突如其来的胸部变化，很多女孩还没有任何准备，觉得这给自己带来很大的负担，尤其是在参加体育活动时感觉明显。

其实，这个时候，女孩就应该在适合的时候佩戴文胸，对乳房起束拢的作用。这样也就避免在参加体育运动的时候因乳房的颤动而出现不舒服的情况。当然，文胸的作用可不仅仅如此，它还有利于保持乳房的形状美，还能够有效地保护乳房，使乳房免受摩擦的伤害，保护乳房的弹性和健美。

智慧锦囊 ★ ✦ ★ ✦ ★ ✦ ★ ✦ ★ ✦ ★ ✦ ★ ✦ ★ ✦ ★ ✦ ★ ✦

每个女孩都有自己成长的轨迹，每个女孩心中也都有自己成长的小秘密。面对成长中的变化，女孩们是羞涩的、困惑的，但是只要正确认识自己的成

长，做好充足的心理准备，就能在成长的道路上永远保持健康和快乐！

青春期，女孩的乳房如何保护

女孩在青春期内，乳房开始发育。乳房是哺乳器官，对健美的身形有重要影响。青春期，是乳腺发展的重要时期，女孩对于乳房的保护也要特别关注。

进入初中之后，婷婷的妈妈经常在她耳边唠叨说："你已经是个大姑娘了，不能像之前那么大大咧咧，要学会保护自己了，有些事情就不要做了，不要像假小子一样，到处疯跑疯玩。"但是对于妈妈的唠叨，婷婷却并没有放在心上。她觉得这就是妈妈不让她出去玩的借口，她本身就是活泼好动的性子，怎么能不出去玩呢？

所以，她还和之前一样，和一堆男生一起，放肆地玩耍，去打球、去赛跑、去踢球、打闹……

一次她和几个男生玩的时候，一个男生不小心撞到了她的胸部，剧痛迅速从胸部弥漫开来，但她紧咬牙关，没有吭声。

但是，到了晚上洗澡的时候，她才发现胸部出现了一大片瘀青，用手一碰，疼痛难忍。

婷婷快要哭了，只能向妈妈求助，妈妈心疼地责备她说："都告诉过你了，不要像之前那样，也要约束一下自己的行为了，都是个大姑娘了，还不知道多加注意。你知不知道，乳房在发育期如果受到猛烈的撞击，内部的小血管会破裂、充血，从而形成囊肿，以后还有可能癌变，你啊，还是太不注意了。"

听了妈妈的话，婷婷后悔死了。不过有了这次"事故"，她下定决心，以后要时刻注意保护自己。好在这次的伤在几天后也好了，不过这对婷婷来说是

一段无法言说的痛苦时光。

其实，乳房的保护问题不容忽视，女孩都应该像婷婷一样，充分意识到它的重要性。乳房是女性的重要器官，影响着女性的身形美，还有哺乳能力。那么，在乳房刚开始发育的青春时期，女孩该如何保护自己的乳房呢？

1. 避免外伤

乳房主要由脂肪构成，没有任何支撑，因此在受到外物的撞击后，更容易受伤。而乳房的皮下脂肪和小血管又比较丰富，外伤后容易引发局部血肿、破损，甚至感染等严重后果。一般而言，乳房受外力挤压时，可能会引起以下问题：

一是乳房内部软组织会受到挫伤，从而引起增生等症状；二是乳房受外力挤压后，外部形状很容易被破坏，上耸的双乳会下塌、下垂。

所以，女孩在做剧烈运动的时候，一定要注意保护乳房，防止乳房受到撞击或挤压。另外，在乳房发育过程中，乳房出现轻微痒感或者胀痛都是正常现象，不要担忧，更不要用手去抓痒。乳房的保护工作是十分重要的，万不可大意，乳房受到伤害时，应及时处理。

2. 克服不良情绪

少女的发育是正常的生理现象，但是女孩面对这些，还可能产生不良的情绪。有些女孩在乳房发育过程中会出现轻微触痛，甚至乳头还会出现少量的分泌物，这都是正常的生理现象，不要过分忧虑，自己也不要总是触摸、挤压乳房，这对于乳房来说是一种伤害。伴随乳房的发育，女孩可能感觉到不自在，害怕他人的目光，不敢抬头挺胸，甚至用紧身衣服来束缚自己胸部的发育，这都会对乳房的发育产生不良的影响。女孩一定要挺胸抬头，正确面对青春期的成长标志，让生活充满快乐。

3. 注意营养

青春期的营养状况影响着少女的身心发育。为保证影响的正常摄入，不影响正常的发育，摄入量应根据以下标准：以天为单位， 10～12岁的女孩应摄入562千焦（2350千卡），13～15岁的女孩应摄入595千焦（2490千卡），16～18岁的女孩应摄入672千焦（2810千卡）。热量来源于食物中摄取的糖、蛋白质和脂肪，在选择食物方面，应以优质蛋白为主，还应注意其他营养物质的摄入。除了使用肉类食物外，还应多食用瓜果青菜，注意补充锌、钙等微量元素。初潮后女孩容易患缺铁性贫血，因此女孩应注意适量地食用动物内脏和含铁的食物，以保证体内的铁含量充足。

4. 选择适合的内衣

内衣不仅可以保护乳房免受伤害，还能充分体现出女孩的曲线美。青春期是乳房发育的重要阶段，在这一阶段，女孩应该保护乳房，保证不妨碍乳房的正常发育，不应该过早穿内衣，也不可束胸。那么，什么时候才是穿内衣的合适时间呢？女孩一般可以在乳房的发育已接近成熟时穿内衣。在内衣的选择方面，应根据自己的胸围选择适合自己的内衣，在材质方面，应以质地柔软、吸汗性强的棉布类为宜。另外肩带应较宽，不宜少于两厘米。肩带也不宜过紧，最好选择有松紧带或可供调节纽扣的式样。胸罩戴上后以能插入一指为宜。如果在合适的时机仍没有穿内衣，对乳房的发育是十分不利的。

智慧锦囊

进入青春期以后，成长的标志开始在女孩的身上一一显现。在这个最关键、最美好的时期，女孩应该学会呵护自己的美丽，不可疏忽大意，否则最终伤害到的只有你自己，不要因为一时觉得怕麻烦而为自己带来更多的问题，保护自己刻不容缓。

臀部发育，青春期的第二道曲线

青春期，女孩的身体开始迅速变化，女孩身体的第二性征也开始显现，臀部开始变得圆润。想要自己更具曲线美，就应该做到合理搭配饮食，注重营养均衡，才能塑造"亭亭玉立"的良好身形。不要因为自己身体的正常发育，而产生自卑等负面情绪。

安娜是刚上初中的小女孩，身体很健康，活泼乐观，只是微胖，尤其是臀部发育得比较丰满。她开始时并不在意，但是有一次，她听到一位男同学喊她"大屁股"之后，她就十分伤心，并决定为此改变自己。她开始刻意减肥，开始减少食物的摄入。坚持一段时间后，效果明显，体重明显减轻了。

但安娜对此并不满意，为了使自己臀部瘦下去，她还专门选购了据说效果十分好的减肥药。几个月下来，安娜看上去虽然比原来瘦了不少，但是原来的健康离她越来越远，她开始变得爱生病。更糟糕的是，她的情绪波动很大，当听到身边的人在悄声议论什么的时候，总觉得是在说自己，说自己长得难看，这也导致她和同学间的关系变得十分紧张。

安娜硬着头皮去找学校心理辅导中心的张老师，向她诉说了自己的烦恼。

张老师告诉她："这是青春期的正常现象，女孩发育时臀部也会增大。丰满的臀部象征着具有旺盛的孕育生命的能力，是好的标志，何必烦恼呢！你不要过于在意自己的形象啊，要心平气和地与同学相处。"

其实，臀部圆润，是青春期发育的标志。女性臀部的健美与腰部的线条、胸部的丰满同样重要。追求臀部的美，应该让它更加圆浑、强健且富有弹性，轮廓应该是明显地隆起，有一点儿上翘，形成柔软的波形。一般而言，亚洲女性因为体型差异，臀部多为扁平状的。那么，怎样改善这种状况呢？长期坚持做臀部健美运动就是一个不错的选择，这种锻炼对塑造美臀大有裨益。女孩不妨试试下面的方法：

1. 收膝举腿法

跪于平面，保持双手支撑。慢慢地抬起和伸直右臂和左腿到最高点，再缓慢降低至最初的状态，接着做反方向动作。在做动作期间，应保持头部与脊柱的自然状态。抬起高度可以逐渐增加，向上时呼气。

2. 注意饮食

想要让自己的臀部更具美感，可以在饮食方面多加注意。女孩可以多食用些富含蛋白质与维生素C的食物。蛋白质和维生素C在人体活动过程中有十分重要的作用，更是美容的佳品。其实，蛋白质不仅对美容有积极作用，对丰臀还有显著效果，而维生素C则有定型作用。日常生活中，女孩还可以多多食用加了花生、杏仁、番茄、花椰菜等材料的沙拉，不仅热量低，还对塑造臀部曲线有十分有效。

3. 分腿半蹲练习

两脚开立，保持与肩同宽，慢慢下蹲，模仿坐在椅子上的动作，然后起立要确保膝盖向前的程度不要超过脚趾的位置，保持上身直立，这个动作直接与臀大肌相联系，可以增加重量，增强肌肉组织力量。

智慧锦囊 •⋯⋯•⋯⋯•⋯⋯•⋯⋯•⋯⋯•⋯⋯•⋯⋯•⋯⋯•⋯⋯•

臀部发育是青春期的第二道曲线，是美的象征。女孩想要自己的身形更具美感，就必须了解身体各部分的特点，有针对性地进行锻炼，方能使身姿体态匀称、丰满、柔韧和强健，更加富有无比动人的魅力。

青春期，不活在别人的目光里

女孩在青春期的时候，身体开始不断变化，最先显现出来的就是乳房的发育。有些女孩因为自己的与众不同而开始慌乱，一时无法接受自己的改变，

总是担心别人的嘲笑或者议论。在校园里、在食堂内、在操场上，听到别人在窃窃私语，或者别人向你望过来，就觉得别人在议论或者关注自己的不同，总感觉自己处于一种尴尬的境地。为此，女孩选择努力掩饰自己胸部的不同，用又紧又瘦的内衣，把自己的胸部紧紧地束缚起来。其实，这一做法是十分不可取的。

刚上初一的思雨，感觉自己的胸部每天都有变化，她开始觉得不自在，不知道如何面对这种变化。在上体育课的时候，一跑起来，胸前就像揣了两只活蹦乱跳的小兔子。面对大家探究的目光，她觉得十分不好意思。于是悄悄去成人内衣店，买了一个很紧的胸罩戴上。她感觉如此做，自己就不那么明显了，但是每天戴着束缚自己的紧身内衣实在是很难受。

那天她和妈妈一起洗澡时，妈妈发现她的乳头不明显了。本来应该向外凸出的乳头，因为挤压而深陷乳房组织里了。

妈妈对此非常焦急，害怕影响胸部的正常发育，赶紧带她去医院。医生面带微笑地告诉思雨，有很多像她这样的女孩因为对乳房发育感到不好意思，而过早地戴上紧紧的胸罩，有了不适才来看医生。她们不知道束胸有很多危害，除了会导致乳头内陷异常外，还会直接限制乳腺管及腺泡的生长，影响乳房的正常发育。另外，束胸使胸内脏器受压，影响肺的呼吸和心脏的跳动，使心肺功能受到损害。时间久了，也会引起心肺方面的疾病，直接影响到身体健康。

最后，医生还耐心地告诉思雨，现在还不到穿内衣的时候。穿内衣的最佳时期是在乳房发育基本成熟后，再及时戴胸罩。但要根据身体胖瘦、乳房大小来确定戴胸罩的时间。戴胸罩过早和过紧，这些情况都会影响乳腺的正常发育，女孩在青春期要格外注意。

其实，每个女孩都会经历青春期，都要经历身体的不断变化。青春期的你，也没必要活在别人的目光里，过分在意别人的想法。青春期发育，是正常的生理现象，不必觉得有负担。

1. 挺起胸膛，正视成长

在女孩成长的过程中，女孩不断发育，第二性征开始出现。其中，乳房发育是最明显的特征。乳房开始不断变大，很多女孩觉得这是不好的现象，开始躲避别人的目光，不愿别人看到自己突出的胸部，连胸膛都不敢直起来。长此以往，只会严重威胁自身的身心健康，还会影响乳房的正常发育，给未来的自己带来许多烦恼。

其实，这都是青春期的正常现象，这是成长的标志。在这个阶段，你要做的就是学会引导自己，正确看待乳房发育。不要惧怕别人异样的目光，抬头挺胸才是女孩该有的姿态。

2. 不要过早穿文胸

面对别人异样的目光，有的女孩选择过早地穿上文胸，紧紧地束缚住乳房的发育，来躲避别人的目光。其实，这是不可取的。女孩要等到乳房充分发育后再开始穿文胸，在佩戴的过程中，还要注意选择松紧适度的文胸，不要因害羞而让自己的乳房无法正常发育。在乳房有轻微胀痛或者痒感的时候，切忌用手抓或者挤捏。

智慧锦囊 ★　★　★　★　★　★　★　★　★　★

在青春期，女孩面临着心理和生理的双重考验，在这个关键时期，女孩的错误也正在逐渐显露。想要摆脱别人的影响，平稳、快乐地度过青春期，就要对青春期有一个正确的认识，直面青春期的变化。

"太平公主"也能够改变

到了青春期，女孩的乳房开始发育。这个时候另一个问题也开始出现，就是有的女孩的胸部发育过晚或者过慢，也因此得到了"太平公主"的称号。其

实，乳房的发育与多方面的因素是息息相关的，这也就表现出了不同的发育进度。所以，当你的乳房发育与别人不太一样的时候，也请不要过于慌张。

对于"太平公主"这一称呼，很多女孩想要摆脱掉。其实，这也是可以实现的。乳房的发育有很多秘密，它受到遗传、保养、营养方面的影响，这一情况并不是无法改变的。但是我们可以改变自己，做一些小小的改变，就能让你的胸部发育大为不同。

读初二的萌萌来到学校医务室，悄悄地向校医咨询："我已经15岁了，我注意观察自己周围的女同学，人家的乳房都开始发育了，她们有的挺起高高的胸，有的戴上了胸罩，可是我的胸却是平平的，这是为什么呢？以前我只穿内衣，最近感到自己越来越不正常了，没有任何发育的胸脯也让我感到很自卑。尽管我让妈妈为自己买了一副加垫的胸罩，可还是一直为自己扁平的胸脯苦恼。妈妈劝我不要着急，可我还是禁不住问您，我这样的状况是正常的吗？"

校医告诉萌萌，乳房发育是和多方面的因素有关联的，你这状况主要受"先天"和"后天"两大方面因素的影响。

先天原因主要与父母身体状况和母亲孕育自己时的状态有关。比如，母亲孕育孩子时妊娠反应较重，恶心呕吐频繁，营养物质摄入、吸收、利用不良等。

后天原因主要是体质状态和生活习惯不当。比如长期偏食厌食、营养不均衡；经常不吃早餐，饮食没有规律；青春期害怕肥胖而盲目节食，这些都可能导致后天肾精亏虚。

另外，学生时期用脑过度，精血大量供给脑髓，也会使肾精亏虚、乳房失养。

校医看到萌萌愁眉苦脸的样子，就安慰她说：你可以做一些小改变，给自己的乳房做个按摩，来促进乳房的发育。方法是每天早晨和每晚临睡前，用双手自我按摩乳房10分钟左右。从乳房周围到乳头，最后提拉乳头5次。

医生解释说，这是因为按摩能促进血液循环，能让神经系统加强活动，卵巢会分泌大量雌性激素和孕激素，促使乳腺发育。按摩的同时，适当增加营养可以增强按摩的效果。当然，还有其他的方法可以借鉴。

青春期的少女，以身体迅速发育、成长为主要特征，这时羞涩的小女生开始慢慢过渡到含苞待放的青春少女时期。面对身体和心理发生的各种变化，很多女孩往往不知所措，这时候女孩就要学会调整自己，让这个发育的黄金时光不虚度。

1. 饮食

想要摆脱"太平公主"的称号，那么，可以在饮食方面多加注意。多吃一些富含维生素E的食物，如菜花、葵花籽油等都是不错的选择。这是因为维生素E对卵细胞的发育和完善有促进作用，促使成熟的卵细胞不断增加，黄体细胞不断增大。而卵细胞是能够刺激乳房发育的雌激素的重要来源。

不仅如此，B族维生素也是体内合成激素必不可少的成分，想要丰胸的女孩们还可以适量补充维生素B2，可以选择动物内脏、蛋类、奶制品等食物。

当然，在菜肴方面可以选择豆浆炖羊肉、海带炖鲫鱼等食物促进乳房发育。

2. 挺胸着装

想要拥有丰满的胸部，那么在青春期也需要你做一些小小的努力。青春期是胸部发育的重要时期。在这个阶段，女孩一定要学会选择适合的内衣，不可让它们约束自己胸部的正常发育。最好不要选择肩带和罩杯过紧的类型，这就保证了胸部的形态美且有透气性。即使你没有完美的曲线，也不要沮丧，你还可以通过选择适合自己的衣服，来弥补自己的不足，穿出性感。

3. 参加体育运动

青春时期是充满激情的岁月，在这个时期，女孩可以多多参加体育运动，

运动不仅能够帮助我们锻炼身体，还能帮助女孩获得梦寐以求的完美身形。举哑铃、游泳、扩胸运动、打网球都是不错的选择。

智慧锦囊 ★ ☆ ★ ☆ ★ ☆ ★ ☆ ★ ☆ ★ ☆ ★ ☆ ★ ☆ ★

你是不是想要摆脱"太平公主"的称号，不用着急。可以通过一些措施来改善这一状况，让它慢慢发育起来。当然，这也需要一个过程，你只要选择适合自己的方法，多加坚持，就能得到自己想要的结果。

第03章

做阳光女孩，
保持健康心态

很多事情是我们无法改变的，我们所处的时代，我们所处的大环境，我们的出生，但是我们可以把握的是自己的内心，是我们的心态，我们的心情。无论所面临的情况多么艰难，都不应该失去健康的心态，这才是智者的表现，才能成为一个阳光的女孩。

快乐的女孩，内心充满阳光

乐观，是人生的一种合理的调节和包容。虽然女孩们总会遇到各种各样的困难和磨砺，但是能在失败中看到希望，才是积极、乐观的表现。若女孩学会积极、乐观面对生活，那么就有较强的心理承受能力，不会被挫折和困难打倒，能够勇敢直面成长路上的重重考验，成为阳光、快乐的女孩。

那么，乐观者和悲观者有什么区别呢？

乐观者与悲观者在争论三个问题。

第一个问题：希望是什么？悲观者说：是地平线，是可望不可即的海市蜃楼。乐观者说：是启明星，指引未来的方向。

第二个问题：风是什么？悲观者说：与海浪狼狈为奸，试图将你推向大海深处。乐观者说：是帆的伙伴，能把你送到胜利的彼岸。

第三个问题：生命是否如花一样呢？悲观者说：是又怎样，留下的只是枯萎的花朵。乐观者说：不，它带来甘甜的果实。

突然，天上传来一个声音，也问了三个问题。

第一个问题：一直向前走，会如何？悲观者说：会是艰难险阻，困难重重。乐观者说：会一片光明，通向美好的未来。

第二个问题：春雨好不好？悲观者说：不好！它助长了野草的疯长。乐观者说：好！它滋润了土地，让百花更加芬芳！

第三个问题：如果给你一片荒山，你会怎样？悲观者说：修一座坟墓了此一生。乐观者说：种植绿树，播撒希望。

乐观者与悲观者就这么你一言我一语，针锋相对，只不过他俩都不知道，在空中提问的是上帝。

他们更不知道，就因为这场争论，上帝给了他们两样不同的礼物。

给了乐观者勇气，而将眼泪赠予了悲观者。

乐观或者悲伤都是自己的选择。心态决定命运，以不同的心态看待世界，世界也有所不同。若选择了乐观，内心也就充满了阳光，不仅自己的世界阳光灿烂，还能照亮身边的人。选择了乐观，你的世界将有更多的快乐和机遇。

其实，不妨把人生当作一次刺激的探险之旅，在前进的路上，我们会遇到一个个难以跨越的难关，但请不要气馁，不要放弃，不要迷茫。只要在心中点燃一根蜡烛，照亮希望的光，坚定地走下去，就能到达自己的理想净土。

乐观，是人生的大智慧。当你学会了乐观，面对未来的艰难险阻，会看到无限希望，学会用积极、乐观的态度面对生活，才能收获更多成长。

乐观，也是可以学习的。那么，如何做才能让自己乐观起来呢?

1. 摆脱悲观情绪的困扰

当女孩遇到挫折或者情绪不佳的时候，应该让自己尽快摆脱不良情绪，以免落进悲观的陷阱，影响自己的生活。女孩可以多做积极的自我暗示，鼓励自己，相信自己一定可以，或者选择正确的途径来宣泄自己的不良情绪，如，到外面去呼吸一下清新的空气，和朋友聚会聊聊天，多参加一些体育运动。

2. 看到事物积极的一面

任何事情都有两面性，但有时候女孩们往往只关注消极的那一面，变得悲观，事情也越来越糟糕。这对于解决问题是十分不利的，不妨学会用积极的

暗示让自己去看事情中积极的一面，从失败中看到希望，从学习和生活中找到快乐，看到前进的动力，能够客观地看待事件本身，走出消极的阴霾，成为快乐、阳光的女孩。

3. 享受过程，活在当下

人生并不是一场只关注结果的无休止的竞技赛，过程也同样重要。我们的一生从出生开始，就开始自主书写自己的人生轨迹，想要你的生命不虚度，丰富多彩起来，你就要多做些丰富多彩的事情去填充自己生命中的空白。

活在当下，让快乐和幸福充斥自己的心间，不要今朝有酒今朝醉，以未来为向导来创造美好的明天。

智慧锦囊 ★━━★━━★━━★━━★━━★━━★━━★━━★━━★━━★

人生也有四季变化，也有阴晴圆缺。在不愉快的时候，向好的方面想想，多给自己收藏一些生活中的快乐回忆，就能帮助女孩度过心灵的寒冬。学会乐观地看待事情，将自己从悲观中解救出来。人生在世，不过几十载，如何获得更高质量的生活，不虚度时光，就看你自己了。

试着驱赶你的逆反心理

随着年龄与见识的增长，女孩的心理世界开始发生变化，常常因为外界因素的影响而产生焦虑和烦恼，甚至会有抵触和反抗的情绪。其实，这就是所谓的逆反心理。逆反心理的问题也是不容忽视的，否则会引发不可挽回的结果。

琳达从小就是人人夸赞的乖乖女，对老师和父母都十分有礼貌，总是不违背长辈的吩咐。她功课很好，又遵守纪律，深受全校师生喜欢，她也是父母心中的骄傲。可是进入青春期以后，琳达就像完全变了个人，和之前大相径庭，她开始厌烦老师和父母的教导，逆反心理严重，在学校总是与身边的人争论不休，回到家里也是和父母对着来。

最初琳达只是和不同的人争吵，她认为这是体现自我的表现，感觉自己之前的做法实在太没有自己的主见了，连质疑别人的想法都没有，总是无条件地服从别人的指令，现在的她不一样了，有了自己的想法和价值观以后，她觉得这才是自己，能够发出心里的声音。老师和家长对琳达的变化感到吃惊，然而经过一番沟通和交流后，他们一致认为琳达的问题和一般青少年进入叛逆期的表现没有什么区别，只要多加引导和沟通，琳达很快就能恢复原来的模样，走回正常的成长轨迹。

可是随后发生的事大大超出了老师和琳达父母的预料，琳达不但为了避开自己讨厌的老师而选择性地旷课，还染了头发，身上开始有了文身，和父母的冲突也越来越激烈，暴怒之后碰到什么东西都往地上扔，不仅如此，还蹲在地板上歇斯底里地大哭大叫。琳达的父亲终于忍无可忍了，扬起手扇了她一个耳光。这是她从小到大第一次面对父亲的怒火，琳达捂着脸，愤恨地说："你会后悔的。"

琳达的父母本以为女儿哭闹够了，自然就好了。当天傍晚，琳达的妈妈还特地为女儿烘烤了她最爱吃的点心。可是到了晚餐时间，琳达久久没有出现，她的妈妈只好走进卧室叫她出来用餐，但是屋内一直没有任何回应。推开门一看，房内空无一人，琳达失踪了。琳达的父母找遍了女儿经常去的地方，又给琳达的好友一一打电话询问，结果一无所获。琳达没有去同学家，也没有到平时喜欢驻足的地方散心，大家失去了琳达的任何消息。

奔忙了好几个小时，琳达的父母依然没有看到她的影子，外面飘起了雪花，他们想也许女儿可能已经回家了，她应该不会选择在这样一个恶劣的天气离家出走。回到家里，他们仍然没有看见琳达，于是再次出门寻找。最后他们

只好报了警。

三天过去了，琳达的父母和她完全失去了联系，警察也没有关于她的任何消息，这名叛逆的少女正躲在一家廉价的旅馆里吃着冰冷的快餐，她不想回到父母和朋友的身边，只想一个人独自在外漂泊。她本以为这就是她未来的生活，但是很快她就被现实打败了。离家出走时她把积攒多年的零用钱全部带在了身上，没想到不到一个星期，她就没有钱了，幸好这时她的父母就找上门来。原来是琳达的父母在各大报纸上刊登了大量的寻人启事，并留下了联系方式，旅馆老板看到报上的照片便联系了他们。

琳达的妈妈看到女儿的一刹那忍不住哭了，而她的爸爸则一再为那一个耳光而致歉，琳达从未看到父母那样脆弱过，坚硬的心瞬间变得柔软起来，最后她跟父母回了家。

其实，琳达的这些表现都是由于逆反心理造成的。

逆反心理是指，人们彼此之间为了维护自尊，与对方的态度和言行表示对立的一种心理状态。多数人会评价为"不受教""不听话"之类，"常常与别人反着来"。青少年想要通过这些行为来展现自己的独立，这往往都是"逆反心理"在作祟。逆反心理在青少年成长过程的不同阶段都可能发生，且有多种表现。若不多加注意，就可能引发诸多不好的影响。一方面，逆反心理过重或者长时间无法走出这种心理，很可能带来重大的心理压力，引发心理障碍；另一方面，逆反心理很容易造成女孩情绪波动，情绪失控，与朋友和亲人之间的距离越来越远。

逆反心理的危害是巨大的，因此，青春期女孩应该学会克服逆反心理。

1. 要正确认识自我，努力完善自我

引起逆反心理的原因可能是太过以自我为中心，认为自己做什么事情都是正确的，不听取别人的建议。其实，每个人都是有缺点的，每个人都会犯错误。你也不例外，女孩应该经常提醒自己，不可过于武断，当意见不统一的时候也不要过早下决断，也要虚心听取别人的意见和建议，接受被人的教导，努力提高自己的内在修养，健康成长。

2. 做自己情绪的主人

要善于控制自己的情绪，不要被情绪牵着走，要做情绪的主人。无论遇到什么事情，都要等冷静下来做理智的判断，不要过分偏激，不听别人的劝告。遇到问题的时候要学会控制自己，锻炼自己的情绪控制能力。另外，遇到问题的时候，还可以和父母、老师沟通，借鉴他们的意见，这样也对解决问题有帮助。

3. 融入集体

有了逆反心理，可以让自己融入集体中，增强自己的心理适应能力，不要固执己见，学会以正确的途径和别人沟通，学会看到别人的优点，而不是只觉得自己是完美的。除此之外，女孩还可以在人际交往中不断磨砺自己，就能免受逆反心理的干扰了。

智慧锦囊

逆反心理并不是异常现象，只是女孩在成长的道路上，自我意见的表达与他人不统一而产生的正常的心理现象。但是，这并不意味着逆反心理是好的，它的存在，只会阻碍女孩的成长。想要健康成长，女孩应该对此有正确的认识，学会自我调节，远离逆反心理的侵袭。

走出多愁善感，把握当下

女孩有时难免多愁善感起来，活在自己的世界，只关注自己的感受，喜欢回忆过去，也会憧憬未来的美好生活，但是却往往忘了把握现在。

多愁善感也是负面情绪的一种，偶尔的多愁善感是一种善良重情义的表

现，但要是一直如此，那么对自己和他人都没有什么益处。

盼盼这几天一直闷闷不乐，与她之前整天笑嘻嘻的状态大为不同。对此她的好友蕾蕾深有体会。于是，蕾蕾关心地问："盼盼，看你不是很高兴，你没什么事情吧？"

盼盼被蕾蕾这么一问，实话实说了："我最近莫名地不开心，好像这种情绪突然出现了一样。后来我又仔细地想了想，可能与我最近在听的伤感音乐有关吧，那些音乐听起来很有沉重的感觉。"

确实，音乐确实能够改变一个人的情绪，看来盼盼这都是受音乐影响啊，可是怎么听那么悲伤的音乐呢，结果使自己走进这种情绪走不出来了。听盼盼这样一解释，蕾蕾松了一口气。

"其实盼盼，你可以试着听乡村音乐，那个调子比较欢快，你的情绪也就不会这么低落了。"蕾蕾建议道

"我那里也有欢快的音乐，但是与别的音乐相比，沉重的音乐听起来更有感觉，很快就过去了。"盼盼向蕾蕾解释说。

蕾蕾记得以前妈妈曾经教育过她"年轻人不可以有丧气"。正因为年轻，所以才应该是朝气勃勃的，如果一个年轻人总是一副不高兴、多愁善感的样子，那还有什么朝气，还会影响身边人的心情。所以，每天都应该是快乐的，让这成为一种性格，也是一种催人向上的力量。

在这个竞争激烈的社会，总是多愁善感已和社会的发展格格不入，严重地影响了人们的生活和学习。我们每个人都希望自己的才能有施展的舞台，成为人生的强者。但是，如果你多愁善感，就会失去很多机会。多愁善感，情绪阴晴不定还会成为成功路上的绊脚石。

那么，怎样告别多愁善感的烦恼呢？

1. 看到事情积极的一面

其实，女孩之所以会有多愁善感的一面，很大的一个原因就是心理上比

较消极。对于一个乐观的人而言，即使在失败中也能看到成功的希望。乐观的人能够将困难当作自己人生的宝贵财富，遇到困难也毫不退缩，能够充满信心地迎接这些挑战。但是，对于悲观的人来说，面对困难，自己就先将困难给无限放大了，自己在士气上已经输了。所以，女孩应该学会在看待事情的时候，多加一些积极的元素，看到自己的进步，不拘泥于眼前的成败，将眼光放得长远，树立自信，逐渐养成乐观的性格。

2. 发展多种兴趣

让自己沉浸在自己感兴趣的事情中去，也是一个不错的选择。平时，女孩可以试着多发展一些兴趣爱好，从自己感兴趣的事情中发现生活的美好。结交与自己志趣相投的好友，在美好的氛围中，激发自己的无限潜能，丰富自己的生活，让自己远离多愁善感。

3. 面对现实

经历失败的时候，女孩应该学会面对现实，不要只关注一时的成功和失败，相信只要自己付出努力，总会有收获的。不多愁善感，不无端担忧未来，当自己开始胡思乱想的时候，不妨做一些户外运动、听听欢快的音乐、做一些自己感兴趣的事情，让自己走出这些不好情绪的束缚。多提醒自己，让自己想得简单一点，现实一点，做一个简单的人，不多愁善感。

想要走出多愁善感的世界，并不是一朝一夕就能完成的，是需要一个人不断改变、反复、成长的过程。这就需要你有耐心、充满信心、逐步地告别多愁善感，健康、快乐地成长。

智慧锦囊 ✦━━✦━━✦━━✦━━✦━━✦━━✦━━✦━━✦

多愁善感听起来很有美感，惹人怜爱。可是在这个竞争激烈的社会，一个多愁善感的女孩，会因为这种消极的观念，给自己设置很多障碍，也会遭遇很多不幸，让学习和工作受到诸多阻碍。女孩应该学会调节自己，做自己情绪的主人。

青春里的那一场暗恋

初恋是纯真的，也是美丽的，青春萌动，哪个女孩不暗恋。暗恋到底是什么呢？

楠楠是一个活泼开朗的小女孩。周末，她去书店买完心仪的书后，打着伞往家走。细雨蒙蒙，街道上都是匆匆行走的路人。忽然，她看见阿森骑着车，背着书包，从远处向这边飞奔而来，他看见楠楠，挥了挥手，楠楠对他笑了笑，他也就匆匆而过了。楠楠看见他的车篓里装着篮球，看着他越来越远的身影，心里想：还真是一个帅帅的少年呢，这就是自己平日里喜欢的男同学。他们是同桌，每天小打小闹，在楠楠看来上学是一件幸福的事情。楠楠就这样在细雨中望着他消失在雨幕中。

而在阿森的心中也有一个"偶像"，但不是楠楠，而是邻班的一个女同学。阿森很喜欢弹钢琴，小时候学过两年，后来不学了，所以他特别关注会弹钢琴的女孩子，可能是对自己未完成的钢琴梦的一种祈盼。有一次，在艺术楼，他听到优美如流水般的琴声，情不自禁地走到音乐教室，看见那个女孩在钢琴前认真地演奏着，细长的手指在黑白相间的琴键上有节奏地移动……阿森欣赏了一会儿，慢慢走开了，可是这一幕情景在他心中久久不能忘怀。后来，他慢慢地知道她是邻班的，但是，他一直不知道她的名字，也不好意思问，他将这份感情藏在自己心中的一个小角落，夜深人静的时候拿出来想一想。

其实楠楠和阿森的心理感觉都是正常的，处于青春期的男女，总是对异性充满好奇，想要接近异性也是正常现象，这是性意识发展到一定阶段的必然表现。而我们将这些藏在心中的感觉称为暗恋。

其实，我们的暗恋对象大多是身边的同学、朋友等，有的人只是萍水相逢，或者还是陌生人，甚至还有影视作品或者书中的人物。暗恋是自己的内心体验，自己是唯一的主角，只是默默付出。但是，将暗恋深埋心中，羞于向别人说出自己内心的感受，很容易产生心理障碍和心态失衡，进而造成情感失控，不顾一切做自己想要做的事情。暗恋还会影响我们的正常生活，可能会引发注意力分散、思维迟钝、意志消沉等现象，甚至还能导致妄想、抑郁等心理疾病。

面对暗恋，女孩们可以：

1. 进行积极的情感暗示

学会给自己积极的暗示，在日常生活中，多关注自己的优点和值得别人欣赏的地方。也许别人还没有看到你的优点，那也不用着急。在将来，总有人能够欣赏到你的美。所以，与其暗恋别人，不如充实自己。

2. 让自己忙起来

当你在暗恋别人的时候，不妨学会转移一下注意力，让自己忙碌起来，多培养一些兴趣爱好，或者多和朋友、家人交往，或者多参加一些有意义的社交活动。制定一些小目标，每天不断努力完成它，你就能看到自己的进步。人的精力是有限的，当你把时间用在这些有意义的事情中去后，你就没有时间去关注自己的感情问题了。经过一段时间的沉淀，你的内心会充实起来，内心也就释然了，而且能够知道什么才是适合自己的，找到自己未来的方向。

3. 学会情感自救

女孩暗恋时也会遇到这样的状况：当深藏内心的爱恋好不容易鼓起勇气说出口时，却遭到对方的拒绝。有的女孩会就此消沉，觉得自己最美的暗恋最终化为了泡影，或者怕别人的耻笑，觉得自己的人生一片昏暗。其实，如果冷静地看待这个问题，女孩会发现：被拒绝是很普遍的事情，因为暗恋是你一个人的幻想，却并没有将对方的想法考虑在内。当然，有很多女孩很清楚这一点，只是一时无法接受。这时，不妨痛快地发泄一下，大哭一场，或者放声高歌一曲。另外，还可以和别人倾诉一下内心的感受，倾诉的对象可以选择自己信赖

的人，倾听别人的意见，从而走出阴霾。

其实，这样的经历也是人生必经的一次磨炼和情感体验。当你遭遇了拒绝，你就会发现，其实事情也没那么糟糕，每天还是有很多惊喜出现在生活中，何必纠结于这一件小事情呢？

智慧锦囊

暗恋是青春期的普遍现象，也是一种正常的心理现象。如果深陷其中，严重影响到了学习和生活的话，就要重新审视这个问题了。只有处理好暗恋这件事情，才有利于女孩顺利地度过情感波折期，成为从容成熟的女性。

有了"恋师情结"怎么办

在青春期，女孩可能出现"恋师情结"，那是女孩心中最敏感的情感，是不想向别人透露的秘密角落。这种情结一般是不成熟的表现，这件事情苦苦追寻也不会有什么结果。"恋师情结"是女孩成长过程中出现的正常心理现象，有了此种情绪，也不必过于惊慌。

宁雪是高一的学生，她的语文成绩很好。在上半学期开学不久，宁雪所在班的语文老师因病请假休养，学校安排了刚刚毕业的张老师来代课。张老师去年才文学硕士毕业，他个子高高的，戴副眼镜，待人总是十分有礼，一副文质彬彬的样子。他的课也十分受欢迎，在他的课上总是一片欢声笑语，张老师讲课都是充满激情的，常常是妙语连珠且幽默风趣，学生们在欢声笑语中学到了知识。在课下，对于那些成绩较差的同学，张老师也是耐心对待。其实从张老师的第一节课开始，宁雪就被张老师深深地吸引。她佩服张老师不凡的谈吐，儒雅的气质，眼神渐渐变得迷离，张老师和她心目中的白马王子的形象渐渐重合。张老师一道不经意的眼神扫过宁雪，她就会感到紧张、心跳加速，有种淡淡的幸福感。

随着时间的推移，宁雪的语文成绩不但没有提高，反而有所下降。每当张老师为她讲解难点时，宁雪就会不知所措，不敢看他。老师的认真讲解她没有听进去多少，脑子里都是"老师好帅气，感觉越来越喜欢他了"，"很喜欢老师在身边的感觉"。宁雪成绩下滑，引起了父母的担忧，但不知道原因何在，在批评她的同时父母也加深了对她的关注。宁雪也为自己成绩下降而自责。高考都已经进入到倒计时阶段，但是宁雪的心中还是无法割舍不下对张老师的爱慕，又不敢去表白，这让她常常心绪不宁。宁雪也常常问自己：到底该怎么办才好呢？

处于青春期的你，可能也和宁雪一样，对自己的老师产生一种朦胧的感情，崇拜中夹杂着爱慕的微妙情感，这就是所谓的"恋师情结"。这些老师也许才华横溢、风趣幽默，或者关爱同学，你在潜意识中对老师的感情已经产生了微妙变化。

其实，"恋师情结"是正常的现象，但是你要告诫自己，万不可沉浸其中，应该尽早地走出来。老师已经是成年人，在那个年龄段，老师很可能已经步入婚姻的殿堂甚至有了自己的孩子。因此，如果女孩对老师的崇拜或者倾慕，发展成为师生恋或者越轨行为，那么也就失去了当初的单纯和美好，随之而来的将是无尽的烦恼。在所有的事情还未发生的时候，及时调整自己才是最好的选择。

所以，最明智的做法就是将这份美好的感情深藏心底，随着时间的推移，随着自己阅历的增加，眼界的开阔，你逐渐走向成熟。这份恋师情结终将成为你回忆中值得回味的美好岁月。

那么，在现实中女孩应该如何克服这种不成熟的"恋师情结"呢？

1. 正确看待自己的感情

女孩首先要学会正确看待自己的感情，明白这只是人生的一段插曲，是成

长路上的美好风景，我们终会走过这段路途，向前方行进。更为重要的是，在学习这个重要的阶段，应该学会将这份崇拜转化为学习的动力，将老师作为自己学习的榜样，争取能够取得好成绩，可以和老师媲美。

2. 走出自责的泥淖

"恋师情结"是正常的现象，只是自己的个人行为，并没有伤害到任何人，那么就不必陷入自责的泥潭。把这段时光当作成长路上的一段坎坷经历，就让它留在自己的记忆中。在这个阶段，保持理智，不会伤害到别人，你要做的就是不要伤害到自己。这份对老师的感情，并不能视为爱情，即使心中有暗恋，也不必过于自责，这可能是很多女孩都经历过的阶段。

3. 多接触同龄的异性朋友

多和异性交往对走出"恋师情结"有很大帮助。在交往过程中，能够揭开异性的神秘面纱，减轻自己心中的主观幻想成分，更好地和异性相处。与异性正常交往，正确客观地看待他人，也能让你走出"恋师情结"的误区中。

智慧锦囊 ★　　★　　★　　★　　★　　★

青春的你是一只"羽翼还未丰"的鸟，无法承载过多的感情，我们还无法飞翔的翅膀怎能够承载得了一生一世的承诺呢？别让青春过早地承受太多，何不为自己的梦想插上翅膀，展翅翱翔！

第04章

早熟的果子不香甜，
请对早恋说"不"

　　早恋的开端或许是甜美的，夹杂着一点甜酸，但随着时间的推移，痛苦会越来越多，你无法做到学业和恋爱兼顾，是坚持恋爱，还是早日回归到全身心学习的队伍，都是艰难的抉择。而又有多少人因为过早地陷入了爱情的美好，而错失了学习的时光，而陷入深深的悔恨中。所以，提醒那些正处青春期的女孩们，早恋是还未成熟的苹果，虽然充满诱惑，但是它的味道却是苦涩的，请学会对早恋说"不"！

情窦初开并不可怕

从青春期开始，女孩的生理和心理都开始变化。伴随着第二性征的出现，对于异性表现出好感或者爱慕的心理也随之出现。这是一段情窦初开的岁月，是一段青涩的爱恋的开端，在一切还没有经历之前，对事事都充满好奇，这种朦胧的感情大多出于一时的心理感受，只要好好调节，也没有什么可怕的。

芳菲是个活泼、开朗的女孩，和朋友相处融洽，和妈妈也如同好朋友一般，无话不谈。但是，自从芳菲开始进入青春期后，有些事情似乎发生了一些变化。妈妈不再是她最好的倾诉对象，她开始有了自己喜欢的男孩，会有自己的小秘密。她会将自己的这些记到日记本里，日记本还上着小锁。

一段时间后，芳菲的妈妈发现了芳菲的异常，主动和芳菲谈起自己青春期的一些心态，谈到自己少女时代对异性的好感。说到一些趣事，芳菲竟听得哈哈大笑。笑过后，芳菲若有所思地说："想不到妈妈也有那样的经历啊，唉！"

"你最近是有什么苦恼吗？"妈妈关心地问。

"妈妈，我很喜欢我们的学习委员，他可厉害了，成绩又好，人又长得很高大、帅气。只要一想到他，我就心跳加速，真希望他也能关注我。我该不是坏孩子吧？"

"噢，青春期这些都很正常的啊！在这个阶段，正是对异性有好感的阶段。如果没有这种感觉，那才是不正常的呢！"

"你说我这算不算是早恋？"芳菲忧心忡忡地问。

"傻孩子，这叫什么早恋啊！这种感情只能算是异性好感罢了。当然，如果让这种感情继续发展，也有可能发展成早恋，进而影响你的学习和生活，这些都是无法挽回的。所以要在一切还没有发展到最坏的状况前，学会控制自己。你已经长大了，我相信你一定能把握好自己！你不是希望他也注意你吗？你可以把自己各方面发展得更优秀，努力把学习成绩提高，争取超过他，让他反过来对你刮目相看啊！嘿，那时候你才荣耀呢！"

"对呀！"芳菲高兴地说。

由于芳菲化"爱情"为动力，加倍努力，期末考试时，她的成绩大幅提高，已接近学习委员了。芳菲信心百倍地对妈妈说："下次考试我一定要超过他！"当然，芳菲心中的朦胧感情也变淡了，她将更多的时间放在了学习上。

青春期，这种朦胧的对异性有好感的心理都是正常的。这份感情在自己的心中，无法找人倾诉或者害怕对方拒绝，这也就造成了内心的混乱，更是无心学习，那么，生活和学习就会变得一团糟。假如你鼓起勇气告白，对方也接受了你的心意，也不要忘了青春期的爱恋是不现实的。女孩要做的就是学会控制自己的感情，给这份感情降温，不要让这份激情燃烧自己，给自己带来巨大伤害。

1. 正确看待男女交往

男孩和女孩的交往都是正常的，但是也不提倡个体交往，更加提倡群体交往。这是因为，如果把自己局限在一个小的团体中，那么也就失去了交更多朋友的机会。只有多交往一些朋友，才能更好地了解朋友之间纯洁的友谊。在一个大团体中，互相帮助，共同成长。

2. 让孩子把握好与异性交往的尺度

女孩在与异性交往时，应该学会把握交往的度。在异性面前，注意言行举止，但也不要过分拘谨，主要是表现得大方得体，扭捏只会让对方感觉不自

在，也要注意不给对方造成误会，让友谊长存。

3. 扩大交际圈

每一个女孩都应该和不同的人打交道，学会人际交往之道，多交一些朋友，在遇到什么问题的时候，也有可以依靠的人，可以帮助女孩走出那些困扰自己的青春期问题。但是，女孩也要注意尽量避免和异性一对一的亲密接触。

智慧锦囊 ★ ★ ★ ★ ★ ★ ★ ★ ★ ★ ★

人生是珍贵的，你永远没有重新再来的机会。在这个青春年少的时期，你有很多事情可以做，有梦想去追求。当然，也有爱恋的情愫产生，女孩应该学会将这份不现实、不恰当的感情升华，让它成为自己向上的动力，做最好的自己，追寻自己的目标，才不辜负这段美好岁月。

懵懂的感情——对异性有好感

青春是一生之中正值初春焕发勃勃生机的时期，是酸涩的青苹果，在这个时期，女孩开始对异性有了好感，该如何对待这份感情？如何保护自己心灵深处那颗"爱"的种子呢？是让它提前冲破土壤的约束，经历暴雨的洗礼，从此一蹶不振；还是让它自然生长，静待时机，在丰收的季节收获应有的成熟呢？

无论在老师还是在父母的心中，楠楠都是一个聪明、文静、乖巧的好女孩。从小学三年级开始，楠楠就一直是老师眼中的乖孩子，成绩优异，还担任班长的职务，一直到现在。班主任老师夸她有写作天赋，她的每一篇作文都被老师当作范文在班上朗读。不仅如此，楠楠的其他各门功课的成绩也很优秀，并且她还乐于助人，在班级里人缘非常好。班主任老师经常夸她是老师不可多得的好帮手。但是，自从班上转来一个帅气阳光的男孩后，楠楠似乎有了很大的变化。

原本不怎么在乎形象的楠楠，开始变得爱打扮了。以前一直梳着马尾辫的她现在经常变换自己的发型，一向穿着朴素的她现在总是换新衣服。而且，任课老师也反映，最近一段时间，楠楠上课精神不集中，经常一个人发呆，最严重的是她在几次的测验中成绩都大幅地下降了。

让人感到奇怪的是，楠楠以前很讨厌上体育课，也不喜欢运动，经常找各种各样的借口逃避体育课。但是最近一段时间，楠楠开始期待体育课了，每次体育课，总是一副跃跃欲试的样子，放学后也经常去操场做运动。

她身边的人都感到很纳闷，总是劝楠楠。她的父母最近也发现她的异常，通过老师了解情况，更觉得吃惊。经过一番观察，父母得出了一个结论：楠楠早恋了。

于是父母对楠楠进行了一次严厉的"审问"，并且毫不留情地翻看了楠楠的书包、书柜、书桌等，终于在一个抽屉里发现了"罪证"——一本厚厚的日记。在日记里，楠楠用细腻的笔触描述了她对新转来的那个男孩子的爱慕之情以及她现在面临的烦恼。

楠楠的父母在看完这篇类似"情书"的日记之后，大惊失色，又气又恨："你小小的年纪，怎么写出这种东西！我们都替你感到害臊！"一向温顺听话的楠楠这次一反常态，涨红了脸申辩道："我做错了什么？我就是喜欢他！他是我心中的偶像！"说完，跑进了自己的房间。

对异性有好感是不是就是不对的呢？

其实，对异性有好感是青春期的正常现象。歌德曾说："青年男子哪个不善钟情？妙龄少女哪个不善怀春？"在青春期，对异性产生好感，这是极为正常的心理现象。

每一个发育正常的青春期女孩都会有感情的自然流露。进入青春期以后，男孩与女孩间彼此爱慕、互生好感，都是心理发展过程中的一个重要阶段，也是未来美好恋爱与美满婚姻的坚实基础。这种心理是一种正常的心理现象，有

了这种感情并不可怕，不可一味地压抑自己的情感，最后造成心理障碍。而应该学会正确处理自己的感情，让感情成为自己的助力，助力美好未来。

1. 对异性有好感是正常的心理现象

对异性有好感，是每个女孩都会有的心理现象，是对异性产生的好奇，而不是真正成熟的爱情。明确了这一点，我们就可以顺应这种心理发展，而不至于把这种情绪当作爱情。

2. 调整好心态

女孩应尽量少注视和关注你所爱慕的人。在自己有限的时间中，将更多的目光放在更加有意义的事情上去，那么也就没有时间去想那些感情了，长此以往，心中那些对他人的爱恋也就消失了。

3. 与男孩相处注意分寸

女孩与男生的交往中要格外注意分寸，不能毫无顾忌，对于敏感的两性话题要尽量回避，以免造成误会。特别是在与某一位异性的长期交往过程中，更要把握好彼此间的度。总之，男女间的正常交往，只要保持自然健康的心态，把握好度，大方坦然地与异性交往，就能收获更多友谊，度过轻松、愉快的青春期。

4. 多和朋友交流

青春的悸动出现在你的身上并不是一个特例，每个女孩可能都有这样的经历，不要对此烦恼、不安。当你遇到这些问题的时候，可以寻求朋友的帮助，倾诉一下自己的困惑。到时你就会发现，自己对异性的好感并不是什么特殊的事情，也没必要过多地关注，只要自己学会调节，就能找回曾经的快乐生活。

智慧锦囊 ·············★·······★·······★·······★·······★·······★·······★·······★·······

青春期的我们不用因为自己内心的悸动而慌乱，明白这些都是因为成长而出现的正常现象，不要感到羞耻。我们应该为成长感到高兴，只要正确地控制自己的情绪，理性地与同伴交往，就会收获一个阳光而丰富的青春。

女孩收到情书，该如何处理

进入青春期后，男孩女孩之间懵懂的情感开始出现，很多大胆的男孩比女孩更加勇于表达自己的爱恋，他们可能会给自己喜欢的女孩写情书，当女孩收到情书时会是什么感受呢？可能是激动中伴着小小的骄傲，有一种被别人认可的感觉，感觉自己是优秀的吧！但是，之后呢，女孩该如何处理这些情书呢？

国庆节很快就结束了，晴晴从爷爷家回到了自己家里，和爸爸妈妈坐在一起吃饭，她心里充满了幸福。晚上，妈妈从衣橱里拿出一件新衣服，晴晴看见那是自己喜欢了很久的T恤，激动地抱着妈妈。晴晴迫不及待地穿上了新衣服，看着镜子里的自己，晴晴发现原来自己也很漂亮。

第二天早上，晴晴穿着新衣服，神气地走在校园里，果然引来了好多男生的注意。就连丽丽都忍不住说："哟，晴晴，七天不见，你变漂亮了啊。"晴晴腼腆地笑了笑，不时地偷望着四周的人，发现他们都看着自己，晴晴不禁骄傲起来，心里简直是乐开了花。

下午上完了体育课，晴晴满头大汗地跑进教室，急忙把抽屉里的一瓶水拿出来，直往嘴里灌。她坐在座位上，发现地上有一张粉红色的信纸，好像是刚才自己拿瓶子的时候掉出来的。她好奇地捡起来，慢慢打开信纸，看到里面写着："晴晴，犹豫了好久，还是决定给你写这封信……你不要猜测我是谁，我只是一个默默喜欢你的男孩子，我很普通，普通到你可以忽略不计……希望你每天都那么快乐。"看完信的晴晴，觉得血液上涌，连忙把信塞进抽屉里，又拿着瓶子喝了几口水，心里很慌乱。

过了一会儿，平静下来的晴晴开始猜测这到底是谁写的呢？看这娟秀的字迹，自己好像很熟悉，但又想不起是谁。这时候，同学们陆续进了教室，看着一张张熟悉的面孔，晴晴茫然了。突然，进来的阿亮看了晴晴一眼。阿亮是个平时不怎么说话的男孩子，但是长得很文静也很帅气，写得一手好字。晴晴渐

渐回忆起上次收练习本的时候，自己还夸阿亮的字写得很好呢。原来是他，晴晴心里一阵慌乱，不知道该如何是好。

收到情书和约会小纸条的现象时有发生，收到情书，女孩往往会喜不自禁，认为自己有魅力。但也不要被青春期的"爱"所迷惑，因为处于青春期的你们正是增长知识和身体成长最关键的时期，这一时期，你们的身体器官特别是性器官正处于发育阶段，而且记忆力、思维能力、学习能力、精力和热情等，也要比成人更强、更旺盛。从这个意义上说，青春期是人生中学习和成长的"黄金时段"。因此，处于青春期的你，主要任务就是学好文化知识，锻炼和培养较强的身体素质、心理素质、思想素质等。倘若错过这一"黄金时段"，今后就算想要继续培养各方面的能力和素质，也只能事倍功半了。所以，青春期最好不要涉及感情纠葛，不要影响自己的学习。

青春期的女孩，如果收到了情书，应该如何做呢？

1. 委婉地拒绝别人

收到了情书，你可以委婉地拒绝对方。写信表达自己的想法，你可以这样对他说："感谢你对我的认可，但是我希望和你永远是好朋友。我们现在都还小，还不懂得真正的爱情，现在的主要任务是认真学习，是培养和锻炼自己各方面的能力和素质，你觉得呢？让我们一起为了考一个更好的大学、为了在各方面取得更优异的成绩、为了更美好的前程而努力吧！相信到那时，我们会收获更多的幸福。"然后，鼓励对方将精力投入到学习、参加各种活动、做更加有意义的事情中去。然后再正常和对方继续交往，不用刻意对对方好，也不用刻意回避，将这份朦胧的情感化为友谊。

2. 表面上不理睬或者不予回应

拒绝别人，也要讲究技巧，可以采取不理睬或者不予回应的方法，把他当作普通同学就好，对方也就了解了你的意思，会知难而退了。但也不要对他冷眼相对、讽刺嘲笑，破坏同学间的情谊。

3. 明确回绝

只要我们在回绝的时候注意两点：一是不要讽刺挖苦，二是态度明确、坚决、友好。可以向他说明拒绝的理由，表明自己对待青春期"爱情"的看法，这样可以避免反复纠缠。

4. 请求别人帮忙

如果采取一定拒绝的行为后，对方仍不为所动，甚至威胁你，女孩也不要被他吓住，这时可以寻求老师或者家长的帮助，尽快解决这一问题。

智慧锦囊 •·····◆·······★·······◆·······★·······◆·······★·······◆·······★·······◆·······◆·

如果收到自己喜欢的人的情书，也不要一时迷了心窍。遇到这种情况，女孩应该在感谢对方好意的同时，也要调节自己不受诱惑。你大可以与对方继续正常交往，待时机成熟再谈恋爱也为时不晚。

花开应有时——早恋

所谓"早恋"，就是在不合适的时间里，过早地品尝了恋爱的滋味。在这方面，女孩的表现尤其明显。因为女孩的性成熟要早于男孩，再加上女孩平时倾向于阅读言情类的书籍，所以从十二三岁女孩步入青春期开始，就表现出有强烈的性好奇和异性爱慕心理，非常渴望谈一场恋爱。在这个时候，女孩还不了解爱情真正的含义，以及爱情有何责任和义务。若早早加入了恋爱的队伍，不加以自我调整以及引导的话，很可能影响到自己的未来。

早恋的开端或许是美好的，有淡淡的甜蜜，可是一段时间以后，女孩会遇到越来越多的问题，左手学业、右手恋情。无论选择哪一个，都会体会切肤之痛，为了青涩的恋情抛弃学业，年少时觉得浪漫，长大后就会陷入悔恨。

前一刻还是晴空万里，后一刻突然阴云密布，开始下起了瓢泼大雨，书蕾

又没有带伞，只能在教室里等着雨小一些再回家。这下糟糕了，还不知道雨什么时候能停啊？书蕾只好一个人坐在窗前，心里祈祷着雨能快些停下来。

"书蕾，你怎么还不回家呢？"坐在书蕾前面的一个男同学问她。书蕾沮丧地说："没有带伞，怎么回家呢？"

"我这里有一把伞，你拿去用吧。"他不知从何处"变"出了一把伞。

"那你怎么回家？"如果书蕾把伞拿走，那他用什么呢？书蕾不禁关切地问了他一句。他却憨憨地笑了一下，用无所谓的语气说："没事，我很近的，跑一会儿就到家了，没事的。"

听到这里，书蕾的心里确实是有点小小的感动，于是就提议道："我们一起走吧，正好顺路，这样都不会被雨淋了。"他听了之后，欣然地答应了。

就这样，书蕾和他同时打着一把伞"漫步"在雨中。在这把伞下，书蕾想了很多，她觉得身边的他就像突然出现的王子，来解救自己。书蕾从小长这么大，还是头一次和男孩子在一起打伞走路呢。这种只有在电影里面才会常常出现的浪漫情节，没想到今天却在自己的身上上演了。想想还有点小幸福呢！

老天似乎在和他们作对，雨越下越大，一把小伞根本就无法保护他们两个人。他倒是挺绅士的，把雨伞不停地往书蕾这边挪，自己瞬间就变成了"落汤鸡"。

这一刻，书蕾的心中突然变得暖暖的，有高兴，也有感动。

晚上，书蕾躺在床上，怎么也睡不着，脑海里总是浮现着他那特殊的憨憨的笑容，难道这就是喜欢吗？唉！也许，女孩就是不应该和男孩交往，只不过是一起走回家而已。为什么自己却会很晚都睡不着觉呢？

在这个懵懂的年龄段，每个人都会对某个异性产生一种特殊的好感，但如果仅仅因为一时的好感就过早地开始一段爱恋，只会带来很多的麻烦，扰乱自己正常的学习和生活。

在学习方面，早恋会影响孩子的学习。毕竟一个人的精力都是有限的，若将时间消耗在恋爱上，那么自然无法全身心地投入到学习中去，长此以往，只会让女孩在本该学习的年纪却成绩下降，影响未来的人生发展。

从科学的角度来说，进入青春期后的女孩会对自己心仪的异性产生异样好感，这本身是无关对错的，这是女孩必经的一个成长阶段。

青春期的女孩可以对异性有好感，但必须学会自我控制，不要任这种感情恣意发展。青少年时期是精力最旺盛、求知欲最强、变化最快的时期，但是女孩在这个时期生理以及心理发育都不够成熟，人际交往方面有所欠缺，对于性知识的了解比较少，性道德观念还未完全形成。因此，在处理同学和朋友间的两性问题时还不够成熟，更加谈不上选择陪伴自己一生的情侣了。如果一旦盲目冲动，偷尝禁果，就更有损身心健康，留下终身的遗憾了。

那么，女孩应该如何看待早恋这个问题呢？

1. 正视自己内心的情感

到了一定年龄，女孩的情感会自然萌发，但此时不必害怕，但也不要投入过多的精力，不要任这份感情持续发展。最佳的处理方式就是正视自己的情感，接受它的存在。

情感的产生是自然的，女孩可能对身边的人，或者某个影视作品中的人物产生好感。有好感是可以的，但不要将过多的精力放在这方面，尤其是在这个学习的重要阶段。人的精力是有限的，如果将过多的时间放在某个自己喜欢的人身上，那么必然学习的精力就减少了。不如将时间放在多多读书，多多锻炼身体上，让自己陷入忙碌中，这样就不会胡思乱想。另外，也不要对这段感情惊慌失措，虽然每个人都知道早恋是不好的现象，会影响自己的学习和生活。于是有的女孩开始躲避感情，这也是不好的。如果因此产生焦虑的情绪，这样就会让自己陷入情绪的折磨中，危害身心健康。所以，还是正视感情为好，不要过度排斥自己的感情，不受焦虑的困扰。

2. 与异性交往时注意距离

每个人都需要自由的空间，青春期的女孩也是一样。但是这个时候，就要注意，与异性相处的时候，要适当保持距离，保护自己，远离早恋的旋涡。

保持距离并不意味着不和异性接触，女孩在与异性相处的过程中，既要活泼开朗、热情大方，不引起别人的紧张感，让人感受到你的热情之余，也要保持适当的距离，不可过分亲近，使人感觉你过于随便，给对方造成误会，也让自己有足够的自我空间。凡事要把握好与异性的距离。

3. 转移注意力

转移注意力，让自己远离早恋。女孩可以鼓励自己多参加一些有益身心的活动，以释放自己的充沛精力，升华自己。在学校内，女孩可以多参加一些集体活动，如课外小组、公益活动等，在校园外，可以选择自己感兴趣的活动，既可以发展自己的兴趣，又能够丰富自己的生活，如读书、写作、听音乐会等，让自己的课余生活多姿多彩，将可能早恋的苗头以正确的方式和途径化解掉。

重要的是，女孩要学会转移注意力，升华感情。对于异性的向往之情，也是对未来的美好期望，体现出了生命的创造力。若是放任自己的感情，任性而为，其消极的影响也是极大的。早恋可能会有损女孩的形象，违反社会道德体系。如果学会将自己的注意力合理转移，投入到更多有意义的事情中去，也体现出了积极的作用。

智慧锦囊

女孩们，不要让自己在学习的阶段早早地走进恋爱的世界，让爱情的云朵阻碍了自己未来的发展道路。女孩要学会在恰当的时候，给自己的感情暂时上把锁，珍惜这段黄金时光，将更多的精力放在提高自己上面，努力提高素养、增长知识、提升道德水平，待自己成熟之时，再尽情释放自己的感情！

当周围有同学谈情说爱时，你该怎么办

青春期的女孩会遇到很多青春期的感情问题，这些都是青春期女孩都要经历的。女孩心中会对某个异性产生好感，若放任这份感情随意发展，那就会早早地走进了恋爱的大门，影响自己的学业。如果早恋的人是你的朋友，你该如何处理呢？涵菡就遇到了这样的状况。

涵菡在16岁的时候升入高中，开始了住校生活。在家里挺受宠的她，初入学校独立生活时什么都不会，处处需要同学的帮忙，不过幸好，在班里还有初中的好友露露。涵菡的脾气很好，学习也不错，特别是英语是年级前几名，这让她比较顺利地融入了集体中。

但是，她的朋友似乎没有像她这么快融入集体。露露的心里还是有很多烦恼，无法摆脱心中的孤独感。班上的同学彬彬经常向她请教英语，作为"回报"彬彬又经常教露露如何打理个人生活。随着交流的加深，两人渐渐产生了情愫。露露发现自己爱上了彬彬，脑子里经常是他的一颦一笑，总希望两人能多一些时间在一起。在爱慕之心的驱使下，露露的学习成绩开始下滑，注意力全放在了彬彬身上。当其他女同学和彬彬正常来往时，露露发现自己非常嫉妒，还因此和同学闹过不愉快，涵菡看到这种状况，不知应该做什么？不仅露露的学习成绩下降了，彬彬的成绩也下降了。

班主任和父母知道情况后，对露露进行了多次劝说，甚至让她搬回家里住，但效果也不太理想。为此，他们对露露也进行了劝告，露露的父母也对露露进行了严厉批评，这些都让露露感到委屈和苦恼。彬彬更因此与老师和父母都产生了隔阂，导致家庭关系、师生关系紧张，和露露之间也没有之前相处时的轻松快乐了。两人在一起时常常为这些不如意的事情而烦闷，甚至争执拌嘴。

其实，像露露这样的青春期女孩在现实生活中有很多。很多女孩进入青春

期后，会变得叛逆、情绪冲动、爱美，也会遇到很多青春期的恋情问题，这些都是正常的青春期现象。

在这个时期，男孩女孩开始互相有好感，这段朦胧的感情，没有掺杂世俗、功利的因素，是一种纯真的感情，哪个少女在青春期没有这种对爱情的幻想和向往呢？但是，这个时候的恋爱就像一朵早开的花朵，娇弱的身躯还不足以抵挡外界的狂风暴雨的洗礼，花朵很快就会凋零，留下的只是深深的伤害。所以，女孩要经受住外界的种种诱惑，远离早恋的旋涡。当身边的朋友禁受不住考验，开始早恋，深知早恋危害的你，该如何处理呢？

1. 让朋友感受到更多的关心

青春期女孩原本对同伴情感就有着强烈的需求，尤其是对异性的情感，女孩开始表现出对异性的好奇心和好感，当发现朋友有了自己喜欢的异性时，首先不要惊慌；其次，你要学着相信自己的朋友，然后多多关心这名同学，让她走出早恋的影响；最后，缺乏他人关心也是导致女孩谈恋爱的一个因素，女孩在异性中寻求关爱来填补自己内心深处的情感空缺。这就需要作为朋友的你，给予她更多的关爱。

2. 劝告对方

你可以劝告对方，早恋是不现实的。早恋就如一朵带刺的玫瑰，虽然看起来十分美丽，却还带来很多伤害。在这个阶段，大家都还在长身体、求知识，若过早地进入爱情世界，一般是不会得到家长、老师和社会的支持的，这段爱情是很难走长远的。女孩想要跨入爱情的大门，需要考虑清楚它的危害。

3. 不受他人的影响

如果是一般同学，可以与她们保持一定的距离，不要让她们的行为影响自己，要禁受得住诱惑，珍惜这段珍贵的学习时光。

智慧锦囊 ★　★　★　★　★　★　★　★　★　★　★　★　★　★　★　★

　　亲爱的女孩，如果你正在品尝早恋的甜蜜，但是又十分忧虑，不知道何去何从，那么不妨听听长者的建议。以你现在的年纪还无法全面地了解爱情和婚姻的真谛，不要盲目地将自己推进早恋的旋涡。对一个人有好感并没有错，但是你应该明白，早恋的成功率是十分低的，在这个阶段就应该将精力全部放在学习上面，以学业为重，不要迷失自己，耽误了自己的未来，虚度了这段美好的时光。

第05章

交往有分寸，
　　不可偷尝"禁果"

青春期的女孩，正是身体发育的黄金时期，也是学习知识的重要阶段，在这个人生的十字路口，若让心中的感情淹没自己的理智，分不清楚爱情和友情的差别，陷入早恋的深渊，甚至偷食禁果或未婚先孕，不仅危害自己的身体健康，还给心灵带来深深的伤害。因此，女孩要学会自尊自爱，保持理智，让青春闪耀光芒。

渴望结交异性知己是心理需要

喜欢和异性交往，是女孩成长发展的正常表现。特别是对青春期的女孩来说，她们大都乐意和异性交往。在西方看来，女孩与异性交往是一件值得开心且十分有意义的事情。在与异性交往的过程中，女孩要学会如何与异性相处，揭开异性的神秘面纱，渴望结交异性是心理需求。但是，在这个敏感时期，男孩与女孩之间走得过近就有早恋的嫌疑。那么，男孩和女孩之间是否可以成为知己呢？

初二（1）班就这一问题展开了激烈的辩论会。

主席：各位同学，各位老师。纯真的友谊，在我们的青春岁月里十分珍贵。那么，异性之间能否成为知己呢？现在，我宣布本次辩论赛正式开始。首先请正反方各自陈述观点。

正方：大家好！我方的观点是男女生不能成为知己，双方交往有很多不好的影响。尤其是在这个重要的学习阶段，男女交往势必会影响学习成绩，这就十分不可取了。

反方：异性可以成为知己，这对双方都有很多益处。例如，在学习上可以相互交流，共同进步。在生活上，又可以彼此照应，解决难题，何乐而不为呢？

主席：下面进入自由辩论环节。

正方：我们中学生正处于青春期，各方面的思想都不够成熟，如果男女生交往过密而产生情愫，后果不堪设想。

反方：我方认为男女生在互补长短的情况下，和谐交往，会产生意想不到的良好效果。

正方：但现在在中学校园里，能够只把对方当作异性知己，真正把握好度，起到帮助对方的作用的例子好像并不多啊。

反方：对方辩手难道不愿意结交异性知己吗？我个人认为只要男女生之间有分寸地交往，这个问题是完全可以避免的。

正方：你能完全保证每个男生女生都会那么理智吗？男女生因交往过密演变成早恋，因而受到伤害的事例，可是举不胜举啊！

反方：男女生之所以会因交往过密而受到伤害，完全是因为自身的原因，我们总不能因为曾有这样的事情发生，而否认男女生之间存在友谊吧？男女生过密交往，这是他们被青春期异性交往时所产生的朦胧的感情所误导，才发生了一些不该发生的事。

主席：最后，我们请正反方代表总结陈词。

正方：我方观点认为男女生不能成为知己。我们也期待异性之间那种美好、纯真的感情！我们在与异性交往的过程中，必须时刻牢记男女生之间交往的法则，绝不能越过它。

反方：我方的观点认为男女生可以成为知己，他们正常交往的好处有很多，如果能够结成知己，在学习方面，男女生存在差异，大家可以共同探讨学习经验，分享不同的解题思路，开拓自己的思路，双方必定都能有所进步。

主席：辩论结束。有请本次评委老师点评……

其实，异性友情是两性的心理需要，在性格形成方面具有互补作用，异性之间的交往，只要双方把握好分寸，不违反社会道德，那么就没什么问题。交往对象可以是你的同学、网友，只要你真心、坦诚地对待朋友，用心维护、珍

惜这份纯洁的友谊，学会把握分寸，这份异性间的情谊就能够健康发展。

1. 认识和了解异性的需求

多交一些异性朋友，这样女孩就不会将目光总是放在一个异性身上，也就没有那么大的好奇心，也就不会因为心中懵懂的情绪而将自己推进早恋的陷阱。多交一些同性或者异性的朋友，多将精力放在学习上，多参加一些有意义的活动，这都是这个年龄段该做的事情。

2. 渴望交流的需要

每个人都需要朋友，没有朋友的人内心是孤单的，多多结交异性正是可以满足女孩渴望交流的需求。女孩可以尽情倾诉自己的想法，说说自己的烦恼，有困难的时候也不会孤立无援，成长需要朋友相伴。

3. 异性交往是人格独立的需要

青春期的女孩，除了生理方面有所改变外，独立意识也开始增强。女孩会渴望能够独立做主，不再想要被当成小孩子对待。而女孩多交一些朋友，大家在情感上容易得到共鸣，打造属于自己的朋友圈也是想要证明自己独立的一种表现。

智慧锦囊 ★ ★ ★ ★ ★ ★ ★ ★ ★ ★ ★

青春期的少女正处于生长发育的重要阶段，女孩也是需要和异性正常交往的，让内心不再孤独，学习中也有了可以相互交流的伙伴，更好地学习文化知识，为美好的将来打下坚实的基础。

怎样与异性正确交往

异性间的交往不仅是正常的，也是必要的，异性交往有益于身心健康。研究表明，交友广泛，既有同性的知己好友，又和异性相处和谐的人，与那些不

善交际、没有什么异性朋友的人相比，个性发展更加完善，情绪更加稳定，感情丰富，自制力强，更加积极乐观，所以，异性交往是十分必要的。那么，该如何与异性相处呢？

娜娜是个开朗、活泼的女孩，她性格爽朗，喜欢和男孩交朋友。她时常和一个外班男孩搭着肩走，也没什么自己是女生的意识。

大家私下都在说，娜娜肯定在"早恋"，老师还专门找她谈话，要她专心学习。娜娜很委屈，她想：我和男生只是正常同学交往啊，哪里有谈恋爱啊。

娜娜的身边也是有很多早恋的诱惑的，她经常会在课桌里看到"别人写给自己的情书"。但是，娜娜清楚地知道自己应该做什么。她会妥善处理这些情书，她知道：现在不是谈恋爱的阶段。她和男生关系好，让她对异性的关怀也习以为常。

有一天，她又无心地把手搭在一个男生肩上，没想到对方脸红了。娜娜赶紧放手，她第一次觉得自己的言行太出格了。

后来，妈妈告诉她："现在你长大了，同学们也都长大了，以后和男生相处，一定要注意分寸，男女有别。"

从此，娜娜也开始约束自己的言行，原本大家都说她像个男孩，自从她注意自己的言行后，大家又发现，她就是个乖巧的女孩子啊，还很好相处，许多女孩也接纳她了，要和她做朋友。

青春期生理、心理发育会带来对异性交往的渴望，十几岁的女孩渴望认识异性朋友、与异性交往还缘于对兄弟姐妹情感的向往。由于现在的孩子大多为独生子女，没有兄弟姐妹，身边缺少同龄人做伴，生活比较孤单。一旦心里有话需要倾诉的时候，就想找个说得来的同学或者朋友来替代自己的兄弟姐妹。

由于男生和女生性格特点不同，彼此交往可以促使双方互补，对双方性格的发展以及智力的发育都有很大的益处。

人际交往间的情感是丰富而微妙的，在异性交往中获得的情感交流和感

受，正是在同性交往间缺失的，这是因为异性之间是存在差别的。比如在情感方面，女孩的情感更加细腻、富有同情心，有使人宁静的力量。这样，男孩在情绪低落的时候就能在女孩这里得到安慰，内心平静下来。而男孩的情感更加外露，可以帮助女孩走出情绪低落的时期。这样，异性交往能让双方都更加快乐。但是，与异性交往的度很难把握，到底该如何与异性交往呢？

1. 端正态度，培养健康的交友观念

首先要端正交友态度，培养积极、健康的交往态度，淡化对对方性别的意识。交往时表现得落落大方，不让对方感觉不自在。其次要广泛交往，避免过多地和一个异性接触，广泛的交际面，更有利于女孩了解更多的异性，消除心中对异性的好奇心，并在交往中学会看透异性的好坏。不要被表象迷惑，了解一个人要看透内在。如果只进行有限的小范围个别交往，难免会"只见树木，不见森林"，对异性的了解有限，可能还不够完全。所以，利用团体活动，有意识地扩大自己的交际圈，是十分可取的。

2. 交往关系要记得保持疏而不远

异性交往，要把握好双方的心理距离，不要有过于亲密的接触，在有这种发展倾向的时候，就要及时调整自己的心态，把握好友谊和爱情的界限，不要造成不必要的误会，让异性交往健康发展，让青春有纯洁的友谊相伴。

智慧锦囊 ◆☆◆☆◆☆◆☆◆☆◆☆◆☆◆☆◆☆◆☆◆☆

处于青春期的女孩，未来的方向还未确定，与异性如何交往，要把握好度。因为心理和生理都还未成熟，最好不要过早地接触性，否则带给双方的只会是伤害。在这个时候，女孩要做的就是，正确地与异性交往，待自己成熟之后，再认真选择可以共度未来的异性。

异性交友，走出孤独

进入初中后，女孩就开始有了自己的小烦恼，除了要担心学习成绩是否有所提升，还要注意与同学相处的远近亲疏，还可能和朋友、父母发生矛盾，致使女孩在内心深处觉得十分孤单，又无人倾诉，想要走出孤单又无人相助。

一天，初三（2）班小凌同学被班主任叫到了办公室，老师怒气冲冲地问道："值班老师发现你经常放学之后不回家，还在净校之后，和其他班级一个男孩交往过密，有这回事吗？另外，据咱们班同学反映，放学之后总是看到你和那个男同学一块走，还很是亲密。这些情况都属实吗？"

小凌对此"供认不讳"，但并不向老师解释什么。所以，班主任就心急火燎地把小凌"早恋"的这些情况报告给了她的父母，告诉他们："你家孩子经常与外班的一个男孩单独在一起，最近一段时间，学习成绩下降明显。她上课总是走神，你们是不是要多关注一下孩子？"小凌的父亲听到老师的反映后暴跳如雷，都没有问问小凌，就狠狠地把小凌打了一顿，并且言辞激烈地辱骂了她。

从此小凌就变得沉默寡言了，整天都闷闷不乐的样子，与同学交谈中不时流露出悲观厌世的情绪。班主任问不出什么结果，就向学校心理辅导室的文老师求助。文老师在和小凌进行了深入交流后，惊奇地发现，其实她并没有早恋。

那她为什么和那个男孩关系如此密切呢？原来小凌的父母感情不好，她的妈妈怀疑爸爸在外面有第三者。这些家事弄得小凌不胜其烦。她在日记中写道：

客厅里又传来了他们的吵闹声："你这么晚回来，一定又是找那个小妖精去了。""确实是去找老王商量工作的事情嘛，你可以打电话问问老王啊。""你们早就串通好了，我还不知道你们。"……

我离开书桌，将自己的头埋到枕头里，又裹在被子里，仍然挡不住这讨厌的声音传进耳鼓。我起身用力地将房门打开，再重重地关上。

关门声让他们的吵闹分贝降低了一些，但我回到写字台前，已经看不懂书上都写些什么了。我继续被孤独包围着。

为什么小凌这么孤独呢？文老师又了解到，她的父母非常忙碌，很少有时间陪孩子。在家也免不了相互争吵，导致孩子的心里产生较深的孤独感。她好不容易在学校里结识了一个关系要好的同学，本以为自己就不那么孤单了，也有了可以倾诉的对象。但因为一件小事，两个人产生了矛盾，原本亲密的同学由此变得疏远。家庭缺少温暖，和女同学的关系陷入了僵局，小凌只好向男同学寻找安慰。

很快，小凌在学校社团活动的时候认识了这个外班的男生，两个人慢慢熟悉了起来。男孩很关心她，小凌由于心里压抑得太难受了，就经常和那个男孩诉说自己的苦恼。聊着聊着发现，两人有很多共同话题。

原来，这个男孩是单亲家庭，两个人更产生了同病相怜的感觉。他们经常单独相处，其实都只是想找一个倾听者。他们常坐在漆黑的教室里聊天，虽然不愿意这么做，但是外面很冷，而且怕被学校发现。实际上两个人只是正常的异性交往，根本不是老师同学猜想的在谈"恋爱"。

德国心理学家斯普兰格说："没有谁比青年人从他们孤独小房里，更加用憧憬的目光眺望窗外世界了；没有谁比青年人在深沉的寂寞中更加渴望接触和理解外部世界了。"比起儿童和青少年，青少年更容易感到孤独，尤其是青春期的男孩和女孩会感触颇多。"没有任何人会像青年人那样深陷于孤独之中，渴望着被人接近与理解，没有任何人会像青年那样站在遥远的地方呼唤"。

青春期是从儿童成长为成年人的一个过渡阶段，随着身体的不断发育，内心世界也在悄悄地发生着变化。女孩的目光也从外部世界转向内心世界，内心世界开始彷徨。女孩开始渴望独立，渴望得到别人的认可，渴望获得大家的喜爱，渴望在老师和家长面前获得平等以及尊重，渴望有倾听自己内心想法的对象。随着年龄的增长，女孩开始渴望更加独立，但是面对复杂的社会环境，却仍无法独自面对，更由于她们的闭锁心理，人们无法了解女孩内心的真实想法，从而无法提供帮助，这样就加重了女孩内心的孤单感。

那么，对于深受寂寞折磨的人来说，怎样才能走出围城呢？

1. 培养对生活的热情

生活是美好的，选择不同的态度去面对，将有完全不同的面貌，一样是青山绿水，蓝天白云，你可以选择积极地感受自然的美丽，也可以消极地看待生活的美好，生活的美好无处不在，不要被不好的情绪遮蔽了双眼。将更多的时间放在学习文化知识、做一些有意义的事情上，完成事情时获得成就感，从忙碌中体会到快乐。当女孩用心去生活，每一天都热情满满，积极向上，去填补生活中的空白，哪里还有时间感受孤独的滋味呢？

2. 善于选择知心好友

女孩可以多交一些兴趣相同的朋友，兴趣是沟通朋友间情谊的桥梁。每个人都有自己的爱好，假如你喜欢唱歌，你可以找一些有同样兴趣的同学，大家一起唱歌，欣赏不同风格的音乐作品，交流一下歌唱的经验，这样女孩就有了有共同话题的朋友了，自己的朋友圈不知不觉间就扩大了。周末的时候，约上好友，放松放松心情，心中的孤单感自然就减少了。

3. 多读书

高尔基曾说，"书是人类进步的阶梯，终生的伴侣，最诚挚的朋友。"书是人们的好朋友，在你孤单、寂寞之时，不要忘记，身边还有书籍相伴。书能给人心灵以滋润，无论什么时候，只要有书相伴，女孩就不会觉得无聊、寂寞，就能守得住心灵的宁静港湾，不会被寂寞吞噬。

智慧锦囊 ★━━★━━★━━★━━★━━★━━★━━★━━★

每个人都有孤单的时候，都想要身边有一个人相伴，这就是所谓的孤单感。女孩可以有知己好友相伴，可以有长辈相伴，可以有精神食粮书籍相伴，只要女孩不将自己困在孤单中，一定能走出这个牢笼。

不要沉溺于网络交友

在这个经济高速发展的时代，互联网已经融进了人们的生活，也走进了女孩们的世界。许多青春期的女孩喜欢在网络上聊天、打游戏、购物、交朋友，这个虚拟的世界也开始融入现实世界。却不知道，这个充满诱惑的世界也会给自己带来伤害。

梦梦是从一年前开始玩网络游戏的，那时刚刚中考结束，又没有暑假作业的烦恼，自然是尽情放纵。暑假里，没什么压力，她开始试着上网玩游戏。几乎是在接触的同时，她就迷上了。用她自己的话说就是："没想到网络游戏这么好玩！""我简直不能想象不能玩游戏的日子会是什么样的。"

梦梦在现实生活中是一个比较腼腆的女孩，虽然学习成绩还好，但在学校里是属于那种不引人注目的学生。但是，在虚拟的网络游戏世界里，她的表现完全不一样了。她可以成为众人仰慕的大侠，有机会赚到大笔的钞票，成为大富翁。在现实中没能力实现的想法、地位、金钱、爱情等，都可以在网络游戏中得以实现。

为此，她也付出了相当大的代价。上高中后，本来成绩不错的她居然一落千丈，几乎每次考试都排在倒数的位置。家里人一直觉得她还没有适应高中的学习环境，还试图给她找辅导老师，却不知道这都是她把大量的时间用在了网络上的缘故。关于这一点，她一直掩饰得很好。每天放学后，她从不在外面逗留，总是准时回家。在家除了吃饭，总是在自己的房间里埋头苦干，摆出一副很努力学习的样子。父母看到梦梦这样，感到很欣慰，但是他们忽略了梦梦屋里那台可以上网的电脑。

有一天，梦梦忽然觉醒了，她不能这样下去了，她还有学业要完成。

她开始尝试自我控制，远离网络游戏，但是游戏的诱惑实在是太大了，只一天没玩儿，她就受不了了，她知道只凭着自己的力量，是无法彻底地与网络游戏说再见的，于是，她来到了心理咨询中心寻求帮助，网络生活已经严重地影响了她的学习和生活。

在网络的世界里，也许会更加自由，少了许多的限制。但是女孩将时间浪费在虚拟的网络世界，就会失去目标，也找不到学习的动力，长此以往，势必会对沉溺网络的人的身心健康产生严重危害。身体上会出现一些不适的症状，如眼睛疲劳、腰酸背痛等，甚至还能引发某些疾病，如视网膜脱落、肩周炎、神经紊乱等；同时，还可能诱发某些心理疾病，如抑郁症、精神分裂症、社交恐惧症等，严重的还会危及到他人健康。

对于沉溺网络的危害，我们不妨学着：

1. 发现网络的积极作用

任何事物都是有利有弊，相辅相成的，网络也是如此。只要拓展网络的积极作用，并得当利用，网络不仅可以开拓眼界，了解到书本上没有的知识，还能构建起女孩和父母沟通的桥梁，那些现实生活中无法说出口的话语，可以借助网络传递给对方。

2. 多参加体育活动

经常参加体育运动，可以从时间、空间和生理三个方面来避免自己沉溺网络。第一，从时间上，若将时间分配给了运动，那么上网的时间自然就少了，也就不会有很大的危害；第二，从空间上，在运动场上挥洒汗水，释放激情，将那些不好的情绪都宣泄出去，心情自然好起来，这在无形中调节了自己的情绪；第三，从人体运动的生理学角度看，运动作为一种应激刺激，导致人体释

放具有免疫调节作用的内啡肽、脑啡肽和其他神经肽，进行适当科学的体育锻炼能有效地提高人的免疫力，预防一些生理疾病和心理疾病的发生，体验到勇敢与顽强、胜利与失败、挫折与勇气、拼搏与成功所带来的兴奋与快乐。

3. 多参加课外活动，丰富生活

生活中除了上网，还有很多有意思的事情，不要将过多的时间浪费在上网上。女孩可以做一些有意义的事情来替代上网，可以做自己喜欢的事情，让自己高兴的事情，如参加一些课外兴趣小组、参加体育活动，等等。让自己生活丰富多彩的内容有很多，女孩可以自主选择，生活中的快乐多了，自然可以摆脱上网的诱惑。

4. 合理安排自己的活动

女孩可以给自己制定计划，每天上网的时间最好限制在两个小时以内，上网也是为了增长自己的学识，要合理安排好自己每天的时间。

智慧锦囊 ★━━━★━━━★━━━★━━━★━━━★━━━★

网络里既有丰富得如同海洋一般的知识，也存在着看不见的陷阱，稍有不慎，就会沉迷其中。不要等到网络侵蚀自己的心灵、危害自己的身心健康时，才开始重视沉溺网络的危害。

与男生交往把握好度

青春期正处在一生中最重要的阶段。无论生理还是心理都有一定的变化，身体逐渐长大，开始出现第二性征，内脏器官也变得越加成熟。不仅如此，在这个时期，随着知识储备的不断增加，认识活动由具体思维向抽象思维过渡，开始对外部世界形成总体的看法和认识。由于体内激素的分泌发生了变化，少男少女开始对异性有了好感，在与异性交往的过程中也出现了一些小问题。

尔容进入了青春期之后，可能是受到了电视剧的影响，和男孩的交往开始变得小心翼翼起来，一说话就脸红，而且语气也娇气了许多，连周围的同学都感觉有点发麻了。

"尔容，你的作业本呢？没有交？"课代表过来找她询问。

尔容看了他一眼，温柔地笑了一下："不好意思啊……嗯……"

课代表大概是着急往老师那里送："你到底带没带啊？什么时候能给我。"

尔容轻轻地说着："嗯……你等等，让我找一下。"说着，脸居然红了。

"快点，快点，还有五分钟就要打铃了。"课代表实在是着急了吧。

只见尔容用轻柔动作在书包里翻了半天，结果什么也没有找到："我好像没有带……"

"哎呀，明天带过来吧。"课代表说完之后，一溜烟地直奔老师的办公室。

也许是因为尔容太过于敏感，以至于很多男孩都不愿意理她。相比之下，她的好朋友小俊却和男孩在一起玩得很好。因为小俊总是表现得很自然。所以不会像尔容那样让人感觉不自在，在男生那边的口碑也不错，他们有事情都爱找小俊帮忙，比如说，篮球场上缺少一个替补队员。

"嘿嘿，小俊，你比较合适，没有合适的人选了，你上吧。"

"好啊，没问题。"小俊的大大咧咧，看上去很可爱。

其实，到了青春期，和尔容一样，人的性意识开始觉醒。青春期性的需求，主要表现在与异性交往中满足自己对异性的好奇心，以及释放性心理能量。但也大可不必像尔容一样，和男生交往过于小心翼翼。正常的男女间的交往有利于相互了解，消除男女之间的神秘感，还可以起到智力上互渗、情感上互慰、个性上互补和学习中互激的作用。善于与异性交往的青少年往往是开朗、活泼的，心理不受压抑。但女孩在与男孩交往的过程中要注意适度。

1. 没必要太拘谨

在和男生的交往中该说就说、该笑就笑，需要握手就握手，这都是很正常的，要是忸怩的话反而让别人心生厌恶。当然，要是过分随便的话，也会影响正常的异性交往。

2. 言行不能太随便

根据心理学家研究，女性容易被视为带有挑逗性的行为有很多，特别是在体态语方面，而很多人忽略了这个问题。比如，反复交叉和放开两条大腿、在男性面前理头发、触摸男人的衣服、头发垂扫男人的面颊等，虽然可能是无意识的举动，但很容易造成误会。

在语言上，不要将话题引到不合时宜的内容上面，也不可在说话时触及某些私人话题，乱开玩笑或眉来眼去都容易让人误会。

3. 划清友情和爱情的界限

友谊和爱情之间既有联系又有区别。人与人之间的爱情关系和友谊关系都是以彼此之间相互欣赏为基础的。友谊和爱情两者之间有很大的区别：首先是内涵不同。友谊是一种平等的、诚挚的、亲密的、互相依赖的关系。而爱情是一种男女之爱，想要对方成为自己终身伴侣的关系。其次是对象不同。友谊是一对多的，而爱情的对象是一对一的。友谊中的朋友可以来自五湖四海，一个人有很多的朋友证明他是受欢迎的，人们可以和各种对象发展友谊。而爱情是男女之间的隐私之情，讲究真挚专一、忠贞不二，若有第三者加入，这份爱情可能就面临着破裂的危机。再次是要求不同。友谊关系中，双方主要承担道德义务。而爱情关系在双方缔结婚姻关系后，不仅受道德牵制，还受法律保护。异性朋友一定要注意，不要将两者混淆，让友谊变质。因此，与异性交往，要把握好彼此间的距离，相互学习，共同进步，把握好友情和爱情的界限，让自己身边多一些朋友。

智慧锦囊 ★·········★·········★·········★·········★·········★·········★·········★·········★·········★·········

　　女孩只要把握与异性同学交往的尺度，热情大方，不扭扭捏捏，自尊自重，便能找到纯洁的友谊。双方都应该有自己的原则，守好心里的防线，不轻易跨越友谊和爱情的界限，让友谊健康发展。

第06章

保持性心理卫生，
还内心一片纯净

青春期之后，女孩的智力、心理、生理发育已初步成熟，性格也逐步形成。男女青年在交往的过程中，会自然而然地互生好感。这个时期，懂得和掌握一些性心理的卫生知识，保持健康的性心理，还内心一片纯净，对于爱情、婚姻、家庭生活都是十分必要的。

了解身体"敏感部位"的变化

当进入中学校园之后，很多人开始发现自己和身边的朋友都有了很多变化，个子迅速增长，嗓音变粗了，力气变大了，熟悉的自己开始了陌生的身体变化。

打开青春期之门，女孩应该对青春期有一个全面的了解，了解自己身体上的秘密，让自己在关注和了解自身的基础上，慢慢地适应对青春期生理变化而产生的心理变化，健康、快乐地成长。

小路就要进入青春期了，为了让孩子有心理准备，她妈妈给她找了一篇《了解女孩身体"敏感部位"的变化》的文章，打印出来和她一起仔细学习，妈妈同时还给她作了详细的解释：

青春期乳房发育：发育的标志包括乳头、乳腺体积相继增大，乳晕范围扩大，其中以乳腺体积增大最明显，并随着乳腺组织扩增，乳房呈现圆锥形或半球形。乳房发育的另一标志是乳头与乳晕的上皮内黑色素沉着而使其颜色加深。

生殖器官的发育：随着卵巢发育与性激素分泌的逐渐增加，生殖器各部也有明显的变化，称为第一性征。外生殖器从幼稚型变为成人型，阴阜隆起，大阴唇变肥厚，小阴唇变大且有色素沉着，阴道的长度及宽度增加，阴道黏膜变厚，出现皱襞；子宫增大，尤其子宫体明显增大，使子宫体占子宫全长的2／3；输卵管变粗，弯曲度减少；卵巢增大，皮质内有不同发育阶段的卵泡，使表面稍有不平。

第二性征：是指除生殖器官以外，女性所特有的征象。此时女孩的音调变高，乳房丰满而隆起，出现腋毛及阴毛，骨盆横径的发育大于前后径的发育，胸、肩部的皮下脂肪更多，显现了女性特有的体态。

青春期是指从儿童期发育到成年期的过渡阶段，从10岁开始至20岁结束。少女由儿童期进入青春期正常的发育顺序是：乳房增大，阴毛生长，腋毛生长，月经来潮，但由于卵巢功能尚不健全，最初多为无排卵型月经，显得不规律，这并不是病态。女性青春期发育的另一个特点是骨骼生长再次加速，骨盆明显发育，骨盆变宽，臀部变圆，皮肤弹性增加，皮脂腺分泌过多，有些少女还会出现痤疮。

1. 身高增高

身高突增的出现是女孩进入青春期的信号。青春期女孩身高每年可增长5～7厘米，最多可长高9～10厘米。同时体重也相应增长5～6千克，多者可增长10千克。此后，生长速度开始减慢，在月经初潮后，每年一般只增长3～5厘米。

2. 第二性征

女性第二性征是指除生殖器官以外，女性所特有的征象。此时女孩的音调变高，乳房丰满而隆起，出现腋毛及阴毛，骨盆横径的发育大于前后径的发育，胸、肩部的皮下脂肪更多，显现了女性特有的丰满的体态。

青春期的女孩，由于第二性征的发育，不适合选择紧身衣服、高跟鞋等服装，其实，这些衣服束缚了女孩正常生长的脚步。在这个时期，健康的美才是真正的美。青春期的女孩应以轻便、舒适、随意、干净、整洁为挑选原则，适合运动的服装才是最好的选择。

俗话说"女大十八变，越变越好看"，处在成长期的女孩应该多参加体育锻炼，这对保持身心健康有积极作用，而那些紧身衣、束胸束腰的内衣既不利

于活动，也束缚了生长。当女孩不用这些"时尚"来约束自己的身体、让身体自由呼吸、肢体自由舒展的时候，她们就有一种青春的美感。

3. 青春期可能出现的问题

青春期，女孩的心理变化使青春期女性喜欢吹毛求疵，具有逆反心理，开始和父母与老师对着干。普遍而暂时性的问题是嗜睡症。原因有心理方面的，更多则是生理激素影响。迅速生长或睡觉太晚也有可能导致嗜睡。

智慧锦囊 ✦━━✦━━✦━━✦━━✦━━✦━━✦━━✦━━✦━━✦━━✦━━✦━━✦

青春期是人的身体发育完成的时期。青春期以前，女孩身体的各个部分没有什么大变化，然而待青春期一到来，第二性征开始发育，并且发育得很快。青春期女孩的生理开始有了变化，也开始有了一些不能说的秘密。比如对自己身体变化的疑惑等，其实，这是每个女孩都会经历的，只要女孩正确对待，全面认识，就能拥有一个健康、快乐的青春期！

了解性知识也要讲究途径

一般来说，女孩在13岁以后，就开始进入青春期。在这个时期女孩无论在生理上还是心理上，都发生了急剧的变化，也都经受着考验。

在这个时期，女孩的心理上会产生性萌动，即从对性问题不理解、没兴趣，逐渐变为有兴趣。女孩开始私下了解性知识。

下课之后，萌萌急匆匆地冲向厕所，却看见班上几个男生正围在那里叽叽喳喳地议论着什么事情。萌萌见状，也好奇地围上去了，只见小胖在中间很懊恼地说："哎，真糟糕了，怎么办，这事情肯定会被班主任知道的，到时候我就惨了。"罗小松点了一支烟，生气地说："早知道就不发给你了，你说你怎么发的，怎么会发到老师的手机上去？"王翔在一边叹气："事情已经这样了，我们要想的就是该怎么来补救，而不是在这里互相怪罪。"丁丁突然问了一句："出了什么事情？"罗小松和小胖不说话就走了，王翔说道："没有什么事情，本来我们几个之间在互发彩信玩儿，没有想到小胖这呆猪，居然把信息发到语文老师那里去了。"丁丁听了，还是感到不解："那有什么严重的，直接跟老师说发错了就得了呗。"王翔一脸怪笑："严重的是彩信的内容，是少儿不宜的。""啊？"丁丁想起来前两天在网上看到的那些图片，觉得心里一阵发毛。

下午班会课，几个男生坐立不安地等着班主任来。因为如果语文老师告诉了班主任，那么，这节课肯定是一堂"政治课"了。上课铃响了，却没有想到，出现在教室门口的居然是生物老师。全班学生睁大了眼睛，生物老师微笑着注视着大家，最后目光在小胖脸上停留了几秒钟，然后转身在黑板上写下了三个大字：性教育。生物老师看着大家惊讶的目光，微笑着说："这节班会课由我来上，主要是为了解决同学们内心的疑惑，也是为了纠正最近出现在你们身上的错误行为。"萌萌听到了"错误行为"，不禁看了小胖一眼，正看见小胖脸涨得通红。生物老师说道："我相信同学们自从学习了有关的生理知识之后，就对性开始胡乱猜疑了。有些人禁不住好奇，就偷偷地自己了解相关方面的知识。"其实，了解性知识对于女孩是十分有意义的，当然是以从正当的渠道了解为前提。

其实，很多青春期的女孩可能也有过这样的经历。在青春期，女孩的生理上不断变化，对社会的适应能力差，性功能越加成熟，但心理上还未发育完全，缺乏自我调控能力。再加上过去封建观念的影响，一些女孩把对异性有好感、产生性冲动、对性产生好奇等当作是一件可耻的事情，把本该学习的性知识当作是不好的事情，更不可能有学习性知识的热情。

其实，性并不是一个不可谈及的问题，不必遮遮掩掩，性本身就是一种正常的生理现象。对于那些青春期的少女来说，萌生出对性的好奇感也是十分正

常的。但是，这也不是意味着你可以通过一些不健康的书籍或者网站获取这方面的知识，这是十分不可取的。了解性知识也要讲究通过正当的渠道。

从正当渠道获得的性知识对女孩的成长发育具有非常重要的意义，表现为：

1. 有利于身心健康

女孩进入青春期以后，随着性发育的越加成熟，女孩的心理也开始发生变化，如开始有初潮，伴随性意识的觉醒和发展，也开始出现性冲动等。遇到此种状况，女孩就要进行自我调节，及时进行性教育，及时消除青春期出现的心理问题，这对促进女孩身心健康，预防性心理和性心理疾病具有积极意义。

2. 性教育能引导女孩通向未来文明健康的社会

未来社会，人们的交往会更加频繁，异性之间接触也会越来越多。这就要求女孩在与异性朋友交往的过程中，应该学会把握好分寸，避免破坏男女间的纯洁友谊。尤其是随着社会的进步，人们对于性观念的理解越来越多元化，性道德也将有所改变，对两性交往中出现的接触问题包容度会越来越高。这就对每一个人都有一个更高的要求，自己控制好"性"的闸门，约束"性"行为，不要冲击两性的和谐，影响社会稳定。

3. 有利于预防疾病

性心理和性生理的知识是十分必要的，很多疾病就是由于不注意这些方面而引起的。了解青春期性心理和性生理的发展规律，对于解决性障碍和婚后性疾病具有积极作用。

智慧锦囊 ★━━━━★━━━━★━━━━★━━━━★━━━━★━━━━★━━━━★

"知性"也不必偷偷摸摸。青春期就应该了解些性方面的知识，这是十分必要的。但是，注意了解性知识的途径应是科学的以及正当的，当它不再是蒙着面纱的神秘所在，女孩就能全面了解青春期性生理和性生理发展的规律，女孩的内心也不会感到烦恼、苦闷，也就不会压抑自己的内心，影响自己的生活和学习了。

坚定地拒绝他提出的性要求

当情人间的感情达到了相当的程度，进入了热恋期，男孩的亲密举动也就越来越多，他们甚至会大胆地提出性要求。从男人的生理、心理角度来看，这是其与异性交往的必然趋势，但就传统的社会观点和对爱情的责任感来说，女孩婚前答应是很轻率的，谁也无法预知未来。因此，面对男友的性要求，很多女孩开始变得茫然，不知所措。

小珊是一个还在上高中的女孩，去年她交了一个男朋友。从小严格的家教，让小珊在两性交往方面表现得比较传统，从来没有考虑过在结婚前与男友发生性关系。

小珊的男友齐卫东对她很好，可以说呵护备至。但随着两人关系的日益亲密，齐卫东有点把持不住自己，最近两个月来，几乎每次独处的时候，他都会向小珊提出性要求，这让本分的小珊有点不知所措。

起初齐卫东只是暗示小珊和自己亲密接触，小珊假装听不懂，把话岔开，后来齐卫东越来越"放肆"，经常用动作来赤裸裸地表达自己的欲望。

一天晚上，齐卫东约小珊到自己家玩，小珊欣然赴约，她打扮得很漂亮，穿了短裙配长靴。齐卫东一见，喜欢得不得了，对小珊拥抱、接吻、抚摸，这些小珊都接受了，也希望亲热到此为止。接下来，齐卫东和小珊一起看《色·戒》的影碟，当屏幕上出现性爱场面时，齐卫东突然把她扑倒，动手剥她的衣服，差点强暴了小珊。小珊大哭，齐卫东被吓住了，这才停了手。

齐卫东神色非常痛苦，反复对小珊说："如果不想给我，为什么还那样诱

惑我？我爱你，为什么你不信任我？"

回去后，小珊哭了一夜，她感到很迷茫，既不想跟男友分手，却又不知道该怎么让他明白，自己现在真的不想要。

很多女孩社会经验不丰富，涉世浅，又难以控制自己的感情，容易坠入"情网"而不能自拔，甚至像小珊这样，不知如何做。

青春期少女正处于生长发育的关键时期，全身各系统尤其是生殖器官尚未发育完全，这时如果有性生活，对女孩是十分不利的。所以，女孩在同异性的接触中要做到自珍、自重、自爱、自强，坚守自己的心理防线。

如果你是一个极有原则的女孩，具有极强的自我约束力，那么无论在怎样的情况下你都坚信自己能抵挡诱惑。学会拒绝发生性关系，会使你变成一个思想细腻、成熟稳健的人。

1. 在第一时间说"不"

首先要明白，女孩应该有自己的选择，学会在第一时间说不。这无关情爱，而是掌握主动。男性对性刺激的反应非常直接，也很难控制住自己对性的渴望。

如果无法接受男友提出的要求，就一定要第一时间说出自己的想法，而不要等对方有了一些亲密的举动后再有所行动。这个时机非常重要，因为那时，很容易被认为是"欲拒还迎""故意吊人胃口"，反而很难拒绝了。

2. 选择适合的婉拒方式

表达拒绝的方式很多。还可以选择比适合的说法。如婉言拒绝："我很爱你，希望婚后再与你体会初次的幸福"，也可以坚定地说："我拒绝"，也可以耐心沟通，也可以"以分手威胁"，或者用自己的肢体语言表达自己的内心感受，不按照对方的要求去做。什么样的方式合适呢？这就要根据双方的性格特点，选择合适的方式来达到自己的目的。

无论男女，只要有自己的责任，你就有权利拒绝对方提出的性要求，这是对自己负责，也是对自己的保护。到了恋爱结婚的年龄，你也会体会到这样做的价值。

轻松面对女孩的自慰

进入青春期后，女孩的身体开始发育，开始对异性产生好奇心，且产生好感，开始有了性冲动。有的人还会不断发展成为自慰。所谓自慰，即女孩不与异性有接触和性行为，仅通过自己对性器官的触摸而达到生理上愉悦甚至高潮的行为。

从医学的角度来分析，自慰首先是容易造成子宫附件炎和盆腔炎。处女膜是抵御外来感染的保护层，如果它受到破坏而使细菌有可乘之机，就很可能引起高烧、小腹疼痛等病症；甚至还会发生输卵管粘连，导致婚后不孕。其次是对阴道过度的刺激还有可能造成阴道外伤，长期的自慰会使阴道周围富于弹性的耻骨尾骨肌松弛。最后是阴道刺激将直接造成处女膜破损，给女孩婚后的生活蒙上一层阴影。

小琳是一名体校大二的女学生。

小琳从上中学就爱参加体育活动，由于经常获奖，形成独来独往的性格，有点儿孤僻。宁愿在花前树下自己欣赏大自然的美，也不愿与人闲侃。

小琳现在的问题出在锻炼时，每当平躺抬高双腿，两腿尽力分开又交叉合拢时，阴部总有一种来电的感觉，出一身汗，虽气喘但又很满足。以前小琳尽量避免做这节操，但这两个月小琳有意识地去做，简直无法自控（隔一周就很想做一次）。有时恨自己像野兽，瞧不起自己，觉得自己很坏、很下流。上

周小琳将手指伸进阴道，她越发恨自己，从原来的不愿与人接触变得不敢正视别人的目光，不敢与他人接触，连门都不敢出，饿了就啃几块饼干。小琳感到实在无法自拔，害怕这件事影响自己的声誉，恋爱和婚姻，小琳都不知道如何是好？

其实，自慰的情况在男女各个年龄段都存在，自慰是从儿童时期就存在的行为，多是无意识活动时，因摩擦使生殖器受到刺激并引起快感，一般与性没有直接联系。青春期发育过程中，无论男孩、女孩，由于身体上的变化，激素的变化，开始产生对异性的好感，开始有性冲动和性欲的出现。古今中外，自慰现象是很普遍的。

一般来说，次数较少的自慰行为是对积累已久的生理需要和心理压力的一种宣泄，并不会对健康有很大危害。但如果频繁自慰，则会威胁人的身心健康，会引起意志消沉，记忆力减退、注意力不集中、理解力下降、多梦、失眠、头晕、劳累、精神不振等症状，如果经常有此行为，不仅威胁身体健康，还会导致心理疾病。

那么，女孩应该如何才能做到适度自慰，既能愉悦自身又不伤身呢？以下方法仅供女孩参考。

1. 正确面对自慰

作为一个青春期女孩，首先应该对自慰有正确、全面的认识，自慰的女孩并不意味着自己变坏了。其实，适当的自慰对身心健康还是有益的。这是因为正常的性欲是人类繁衍后代最基本的要求，是很正常的生理现象。而自慰行为并不会涉及他人，对别人产生伤害，或卷入感情纠葛，也不会导致性攻击甚至性犯罪的发生，所以这也是一种合理的释放性欲的方式。但是，过度地自慰会影响青春期女孩的身心健康。过度手淫就属于一种心理障碍，会严重威胁身体健康，导致泌尿生殖系疾病、性神经衰弱等。

2. 积极参加文体活动

当青春期性冲动呼之欲出的时候，女孩的内心急切地想找一个突破口。最好的办法就是多参加文体活动，释放你的青春活力，减轻内心的压力。还有其他的宣泄方式，如多听听音乐，释放自己的压力，让自己重获轻松、愉悦的心情。

3. 合理安排自己的生活

注意生活规律与生活细节，避免穿太紧的衣裤，按时睡眠，晚餐不宜过饱，睡眠时被褥不要过暖过重，睡眠不宜仰卧和俯卧，晚餐不宜食用刺激性食物，如烟、酒、咖啡、辛辣之品。养成良好的卫生习惯，注意保持外阴清洁，经常清洗，除去积垢等不良刺激物。

4. 欣赏高雅艺术

多欣赏高雅、催人奋进的文艺作品，主动远离低级、淫秽的读物或电视节目，这对于女孩一生的发展都有积极意义，并能在心理上增加克服、排解手淫的力量。

智慧锦囊 ◆─★─◆─★─◆─★─◆─★─◆─★─◆─★─◆─★─◆─★─◆─★─◆

少女时期，是学习的关键时期，女孩还是应该将注意力更多地放在学习、求知上去，千万不要长期地、频繁地自慰，否则将影响自己的身心健康！

塑造健康而纯洁的性心理

性作为一种生理、心理和社会现象，始终伴随着每一个人，深刻地影响着每一个人的健康、幸福和人格完善。在女孩成长发育的关键时期，性心理也渐成熟。在这一阶段，面对自身性生理反应的体验、情绪变化、情感体验，会产生许多心理困惑或心理障碍。了解和掌握科学的性心理知识，维护自己的性心理健康，是女孩健康成长的重要课题。

小丹从上幼儿园开始就是一个听话的孩子，学习成绩优异。她一直听家长和老师的话，为人诚恳文静，穿戴朴素。在学校，她是同学们学习的榜样。

然而到了初中，小丹开始变了。她变得喜欢照镜子了，尤其是一个人独自欣赏镜子中的自己。随着女性身体的曲线开始展现，她觉得自己长大了。不知不觉中，她对琼瑶、郭敬明等人的小说产生了浓厚的兴趣；她还对男生越来越好奇且渴望与男生交往。

可这个只停留在想法阶段，因为妈妈常教育她，做一个"稳重"的女孩。她只能与班上的男同学，从"名正言顺"的正常交往中，品尝到一点难以描绘的愉快和兴奋。

在班主任严格的要求下，她都不太敢和男生接触，因为班主任经常批评那些关系比较密切的男女同学，并且还让大家学习小丹，将全部的心思放到学习中去，提高自己的学习成绩才是正理。

其实，这时小丹已经很难像之前那样努力学习了。她对同班的一名男同学有了好感，她渴望与他交往，但在老师的教育下又止步了，即使有了正当的理由和机会，她也故意躲得远远的，很怕自己禁受不住诱惑犯了错误。

可小丹又不想放弃。每当放学，她总比他晚走几步，静静地看着他越走越远的身影，并与他在路上始终保持一段距离，这段距离是她认为不会被他或其他人发现异常的安全距离。就这样，她远远地望着他的背影。日复一日，月复一月，她从中获得了一丝丝的满足。

新学期调整座位，那位男同学做了她的同桌。按理，她应该十分高兴了，但她与他坐得很近，反而感到紧张和不自然。原因是害怕老师和同学看破她内心的秘密，怕遭到老师的批评和同学的讥笑。

从此，小丹上课总是无法集中精神，学习成绩自然不断下降。后来，她的情况越来越严重，以致不敢与老师和同学的目光直接接触。一个学期后，又重新调整座位。她与那名男同学虽然被分开了，但她的情况还是没有向好的方向发展，学习成绩持续下滑。

很多女孩与小丹这样品学兼优的女孩一样，随着年龄的增长，会萌生出对性的欲望和性的需求。女孩的性心理的发展滞后于性生理的发展，又由于对性知识不甚了解，易引起生理的渴求和心理的压抑，导致心理困扰，而过度压抑的后果就是严重影响女孩的学习和生活，不仅导致成绩下降，还能诱发身心方面的多种疾病。所以，女孩要注重健康的性心理的培养。

1. 正确看待青春期性心理的变化

青春期学生因性器官的逐渐成熟和性心理的变化，既表现出对性知识的渴望，又十分渴望与异性相处，经常为此感到不安，甚至自责，怀疑自己是不是变成了坏孩子。其实，不要有心理负担，这都是正常的青春期现象，完全没必要偷偷摸摸。因此，这就需要女孩全面了解青春期生理和心理方面的这知识，揭开青春期的神秘面纱，消除心中对性的好奇感和由此引起的烦恼，轻松、愉悦地度过青春期。

2. 合理的自我调节与宣泄

想要保持性心理的健康，不仅要了解性方面的知识，还要进行积极的自我调节，包括：了解性心理、性生理的相关知识，了解青春期性意识的发展规律，培养健康的性心理；面对青春期的性冲动，要正确对待，知道性冲动是正常的生理现象。不妨换一种运动来释放自己的生理能量、转移自己的注意力，如学习、工作、做体育运动等。与异性交往也没必要躲躲闪闪，只要大方得体就可以了。一旦发现自己存在性心理问题，应及时处理，如通过学习、修正错误认知、向好友寻求帮助等，如还无法解决，也可向心理专家咨询，消除心理困惑。

3. 学会性方面的自我保护

女孩只有善于自我保护，才能保护自己的生理和心理不受伤害。女孩要注意培养自我保护意识。与异性相处时，要举止得体，不给对方造成误会，还要做到自尊自爱，举止优雅，衣着也不要过分暴露，要时刻有保护自己的意识，

尽量不要在晚上独自外出，不要在男性住所逗留过长时间。若遭遇性骚扰，可向当地的公安部门寻求帮助，不要因为恐惧就隐藏事实真相。自己的情绪不好可选择适合的方式发泄，也可向老师或朋友寻求帮助。

智慧锦囊 ★━━★━━★━━★━━★━━★━━★━━★━━★

　　如果性的要求只是为了轻率地满足一下短暂的快乐和乐趣，也就是说，它要面临巨大的危险，就像一朵鲜花，乍看上去非常美丽诱人，但它却暗含着毒素。

——苏霍姆林斯基

第07章

提防"大灰狼",
保护好自身安全

十几岁的女孩，宛若娇艳欲滴的美丽花朵，有迷人的香气，惹人喜爱。然而，女孩终将面对复杂的现实社会，这里就隐藏着懂得欣赏和怜爱花朵的人，也有居心不良想要折断花枝的人。这就要求女孩，也要学会一些保护好自身的手段，远离危害。

在异性面前，言行举止得体

青春期是个敏感的时期，男女之间的交往把握不好就会带来不良的影响，这就要求女孩自己要做到在异性面前举止得体。

青春期的女孩应该追求自然之美，更应该保持庄重典雅的风范。可是在现实生活中，经常会看到，有的女孩在充分显示自己美丽的同时，不注意装饰上和言行中应有的矜持和高雅。有的女孩穿着过分暴露，如穿袒胸露背或超短裙之类的服饰；有的女孩身着奇装异服，行为轻浮；有的女孩喜欢听恭维、吹捧、赞美的话；甚至有的女孩刻意卖弄自己的青春魅力，等等。这些女孩很容易引起男生的性刺激，最终成为性骚扰的目标。

初三年级的小玲，是个热情开朗的姑娘，平时也是大大咧咧的，身边总有一堆朋友，其中男同学也不少。她总是喜欢穿一些成熟风格的性感服装，还在男生面前没有什么顾忌，随性而为，言行举止都不注意，还和男生打打闹闹，甚至称兄道弟。这样，男生在她面前也就没有什么顾虑了，不但对她说些过分的挑逗性的话，甚至他们的大胆行为还在不断升级，故意摸她的胸部和屁股。小玲也不知道这是怎么了，之前她也是如此，但是没有像现在这么严重啊。但是，她忘了，他们都已经到了青春期。尽管小玲用尽了办法，包括打、骂、掐、捏等功夫来对付那些男生，可是情况并没有任何改善。

邻班一个平时总是打架斗殴、不爱学习的男同学，也时常到小玲身边来凑热闹。有一天下课后，小玲和两个闺蜜在走廊里说笑，那个男生就故意靠近这些女孩。第一次是借擦身而过蹭了一下小宇。小宇没在意，以为他不小心。可是第二次，他又装作和其他人打闹和小玲撞个满怀，然后顺势摸了一把她的胸部就跑了。小玲气愤极了，追着他打骂了一番。

可是那些男生仍旧故我，总是对小玲动手动脚。以前每天下课就出去玩耍的小玲再也不敢随便出去放松一下了，她要躲避那些经常在走廊里晃来晃去的男生们。

青春期是一个敏感的时期。本来，青春发育期的女生对自己或他人的身体发育就有相当大的好奇心，女孩也开始对异性表现出好感。

这个时候，女孩就要 特别注意与异性交往的问题了。女孩不要等真正受到了侵害，才想起来注意自己与异性的相处方式，女孩应该从一开始就守好自己的防线，从最初与异性相处的时候，就要有自重心理，质疑自己的言行，举止得体，也要注意自己的尊严。自己尊重自己，别人才会尊重我们。

其实，和异性相处也是有学问的，各个方面都不能随便。

1. 举止得体

男女同学之间的交往，应遵循一定的原则，不要跨越底线。男女同学交往中，既反对"男女授受不亲"的陈旧观念，提倡男女平等，鼓励异性间正常交往，发展健康文明的人际关系；同时又要注意与异性交往要保持一定的距离，把握好与异性交往的分寸，不要有过多的私下亲密接触，更多地参加到集体活动中去，建立广泛的交际圈。若要和异性单独相处，也要注意选择适宜的场所。与异性交往，女孩要注意礼仪修养，相互尊重，相互帮助，举止得体，优雅从容。

2. 不要过于冷淡和热情

若对人过于冷淡，只会将别人越推越远，给人高冷的感觉，身边的朋友自然越来越少，谁愿意和一个看似不愿意理自己的人交往呢？而若对人过分热情，尤其是异性，就会给对方造成误解，使对方想入非非，或者远远地避开

你。所以，女孩要自己把握好与异性之间交往的度，保持纯洁的友谊，让它健康发展。

3. 多看些好书，提升自己的精神境界

其实说话的内容也是需要素材的，看的书少，可谈论的话题也就少；反过来如果博览群书，那么所说的话题也就更加丰富。

所以，要想说话不轻浮，若想提升自己的精神境界，可以多读一些书籍，充实自己的内心。书是人类的好伙伴，它能开拓我们的事业，让女孩不再只关注眼前的得失，而是以长远的眼光看待问题，并帮助我们提升品位，那些容易造成人误会的语言也就自动消失了。

智慧锦囊 ·········★······★······★······★······★······★······★······★······★······★·······

在与异性交往的过程中，女孩要注意自己的举止，行为要有所约束，万不可做出轻佻、失礼的行为举止，不给异性误会的机会，建立健康的异性交友方式。

女孩要有自我保护意识

青春期女孩是等待绽放的花蕾，面对这个复杂的社会，要学会有效地保护自己，不要让不法分子有可乘之机。这就要求女孩保持头脑清醒，了解自身的特点和弱点，培养自我保护意识，学习一些防范侵犯的常识和技巧，让自己的青春没有伤害。

"妈妈，我回来了。"思思一进家门就喊妈妈。

"今天回来怎么这么早啊？"妈妈有些奇怪，和平时相比，思思今天可是提前了半个小时呢。

"是一个开私家车的叔叔带我回来的。"思思高兴地说。

"私家车？你认识吗？哪里来的叔叔啊？"妈妈一头雾水，紧张地看着思思。

"嘿嘿，其实我也不认识，他经常来我们学校修理东西。后来有一次我跟他聊天就熟了，今天放学后叔叔也恰好回家，因为顺路就把我捎回来了。"思思向妈妈解释。

"什么？你连人家是谁都不知道就敢坐人家的车啊？"妈妈一脸惊讶，这孩子怎么没有一点自我保护意识呢。

"那怎么了？叔叔肯定不是坏人，我们学校的老师应该认识他的。"思思满不在乎地说。

思思就是一个活泼、好动的人，和谁都能聊得起来。家里来了客人，她总是抢着去开门，打招呼；有时候带她出去，她也能跟不认识的人聊起来。思思的妈妈对此没有太在意，她只是觉得是思思的性格比较外向而已，在外面认识更多的人也没什么坏处，但是像今天这种情况谁能保证每次都这么幸运呢，思思居然坐陌生人的车回来了，还很轻易地就告诉了对方自己家的地址，也太容易相信陌生人了。思思的妈妈决定就这一安全问题教育一下思思。这实在太危险了。

"思思，你今天的行为很让妈妈担心，虽然你今天很幸运，但也是很危险的，知道吗？"妈妈严肃地对思思说。

"妈妈，是您太多心了吧！你看我今天不是没什么事情吗，哪里有那么多的坏人啊？"思思还是不着急。

"不是妈妈多心，是妈妈怕你万一出了什么事怎么办？我不可能时时刻刻都陪在你身边，你自己应该学会保护自己。"妈妈说。

思思想了想说："可是，我长到现在也没遇到过什么事啊！"没遇到更好，妈妈只是提醒你对陌生人要有防范意识。毕竟你连人家是谁都不知道，万一人家把你骗了呢？更不要随便告诉陌生人你的住址、电话什么的。妈妈一

本正经地教育思思。

经妈妈这么一说，思思细细思索了一下自己平日里的一些做法，又想到报纸上、电视上经常报道的孩子被骗事件，忽然觉得自己的胆子的确太大了。妈妈说的不是没有道理，自己太过于疏忽了。

看着思思若有所思的样子，妈妈继续说："害人之心不可有，防人之心不可无。你年纪小，经历的事情也还少，辨别是非的能力还不高，以后千万要注意啊！"

"妈妈我知道了，以后我一定会多注意的。"思思认真地对妈妈说。

美丽姣好的青春期女孩是异性关注的对象，很容易引起他人的注意。女孩应该有危机意识，注意自己身边的潜在危险因素。

为了让我们生活中的美好不被破坏，女孩就应该时刻具备强烈的自我保护意识，时刻关注身边的潜在危险，让自己的生活少些伤害，多些安全，活出自己的精彩。

女孩，要学会保护好自己。

1. 要有防范意识

在这个年龄段，大多数女孩由于年龄较小，心智发育不完全，对他人没有什么防范意识，很容易受骗，最终受到伤害。在与人交往过程中，也要"害人之心不可有，防人之心不可无"。与人友好相处的同时，也保护好自己。

2. 谨慎待人处事

女孩要学会保护自己的隐私，对于陌生人，不要随便告知对方自己的真实信息。对于那些没有任何原因，就对你特别热情的异性，你就要特别注意了，尽量远离他的身边。若发现对方有什么不好的想法或者行为时，一定要严厉拒绝，大胆反抗，保护好自己。

3. 与异性保持距离

在正常的人际交往过程中，尤其是与异性交往时，女孩要把握好与异性之间的距离，既要热情大方，又不可过分亲昵，不让人感觉不舒服，又不会让对方误会，造成不好的影响。在交往过程中要注意，把握好度，防患于未然。

智慧锦囊

　　十几岁是女孩一生中最宝贵的时期，是人格的塑造阶段。女孩对社会还未形成一个深入全面的认识，面对社会中的潜在危险，女孩要学会增强自己的自我保护意识，学会保护自己的手段，全面地保护自己，让自己健康、快乐地度过青春期！

女孩需要有自我保护的能力

　　每个人都有自我保护意识，自保能力是一个人最基本的能力，也是女孩独立生活的可靠保障。为了保护女孩的身心健康和安全，女孩应该多多掌握自我保护的知识，提高自我保护的能力，使之形成一个完整的系统。对女孩来说，自我保护能力也是其能否在这个世界上生存下去的基本技能之一。

　　一天，路边突然响起了惊慌的喊着"爸爸"的声音，原来是还在上初中的玲玲。她飞快地冲进路边一家首饰店，只见她一边奔跑，一边大声地喊："爸爸！爸爸！"，好像身后有人追着她一样。她的这一举动吸引了周围人的目光，大家都莫名其妙地望着这个神色紧张的小女孩，因为这里并没有她所说的爸爸。在大家没有注意到的角落，一个男人正失望地转身离去，玲玲明显注意到了，随即放下心来。

　　她一抿嘴，眼泪从她惊魂未定的小脸蛋上滚下来。原来，就在几分钟前，玲玲经过一条人烟稀少的路，想要去买一些日用品。就在半路，一个陌生的男人走过来和她搭讪，问她车站怎么走，想要玲玲带他去，并提出给她买好吃的糖果。玲玲心中开始摇摆不定，不知是遵从内心的欲望，还是保持理智断然拒绝。最后，理智战胜了诱惑，她摇了摇头。但是，那个陌生的男人并没有放弃，他伸出手试图抓住玲玲。玲玲早有防范，灵敏地避开了，并且开始奋力向前奔跑。因为她想起老师教过，如果遇到了坏人，你就跑到人多的地方，然后不停地大声喊"爸爸"。于是，玲玲冲向路边最近的那家小店。后来，在大家的帮助下，玲玲终于和爸爸团聚了，大家也都为玲玲的机智点赞。

故事中的小女孩正是因为掌握了自我保护的知识，才让她在危急之时安全脱身，这也就显示出了自我保护能力的重要性。

女孩应该注重自我保护能力的培养。青春期女孩的自我保护能力的培养，主要应该注意以下几个方面：

1. 女孩保护好自己的身体

青春期的女孩正是花一样的年纪，很容易成为社会上不法分子的目标。因此，任何一个女孩，都应该有自我保护的意识以及掌握自我保护的本领。当女孩遇到他人试图非礼的情况时，不要惊慌失措，应该理智思考，想出解决的办法，如可以义正词严地警告他们、斥责他们，在气势上压倒对方，起到恐吓的作用。在摆脱对方以后，女孩最好远离事发地点，可以向老师和家长寻求帮助，也可以求助于路人。

2. 预防被歹徒盯上

女孩最好不要一个人单独去比较僻静的地方，要和同学结伴上学、回家。另外还需注意，言谈举止一定要大方得体，不要过分张扬，否则容易成为不法分子的目标。上学、放学路上尽量走大路，不走偏僻小路。穿着打扮要追求简单、舒适，没必要追求名牌，另外不要炫耀家里的财富，避免成为不法分子的目标。

若是遇到歹徒，也要保持冷静，不要害怕，尽量说好话，说明自己没带钱，避免跟他们争吵。如果他们继续坚持要钱，就可以试图拖延时间，可以说回家取钱，在此期间寻求逃跑的机会，或者向他人求助。如果此方法还是行不通，你还可以大声喊"救命"。如果一个人遭挟持，不要反抗，不要"硬碰硬"，可以给钱，但要记住对方的相貌特征，事后向公安机关报案。如果歹徒穷凶极恶，最好选择智取，不要有过多抵抗，引起对方的恐慌，避免歹徒狗急跳墙，给自己造成更多的伤害。

3. 关于自身财物方面的保护

很多女孩粗心大意，在遇到危险状况的时候就无法正常思考，很容易给歹徒可乘之机，发生盗窃甚至抢劫的现象。这时候，女孩就应该注意培养自己保护财物的意识，保障自身安全的同时，也不忘保护财产。

智慧锦囊

每个女孩都应该明白，你无法一直生活在别人的庇护下，你自己也需要学会一些自我保护的本领。只有如此，才能在面对突发状况的时候，即使没有他人的帮助，也能运用自己的智慧保护自己的安全。

遇到色狼，冷静出手

女孩正如晶莹剔透的露珠，因为单纯和无知，最容易成为"色狼"攻击的对象。面对这些骚扰，该出手时就该有所行动了。

青春期大多数女孩子在遭受他人的"性骚扰"时，大多沉默以对，作为受害者的一方，只把它当作是一件十分羞耻的事情，很怕被别人知道，害怕影响自己的名誉，成为众人议论的对象。再加上女孩本来就比男孩力气小，胆子也小，有的女孩宁愿"忍一忍"，尽管自己很受伤，也不愿在当时有所行动，实施自救。小丹就是一个典型的例子，其实当时如果她大声呼救的话，那个坏人一定不会如此从容地离开，这些人就是抓住了女孩子羞怯、胆小的心理才敢肆意妄为。

小丹对小学四年级时的一幕仍然记忆深刻，她某天放学后和三四个玩得好的女孩在空地上玩游戏，正玩得起劲时，从旁边厂房走出一个中年男子，在旁边看她们，大家当时没在意。没想到，后来这个男子走到女同学韦韦的背后，当时韦韦背对着他，小丹看到这个男子用双手从脖子环住身材发育较好的韦韦，并将手放在了其胸前上下磨蹭，韦韦当时吓得不敢轻举妄动，另外几个女孩子也是不知所措的样子，一时都定在那里。过了好一会儿，男子才自行离开，几个女孩子都不说话，赶紧逃离了这里。小丹当时作为旁观者，内心十分害怕，但当时对这个男子究竟是在对韦韦做什么，她还不是太懂。当时她们根本没有"性骚扰"的概念，几个女孩包括韦韦也都没有将这件事告诉家长。小丹说："如果当时自己采取积极的行动，也许韦韦就不会任人欺负了。"

遭色狼侵袭是每位女性最大的噩梦，若不幸遇到此事时，也不要失了冷静，随机应变。

如果遇到别人做出有关"性的诉求"或"性的行为"的举动，女孩就要多加小心了。美丽的女孩是异性关注的对象，很容易成为坏人的目标。在遇到色狼的时候，应该有自我保护意识，采取积极的措施来保护自己，冷静思考，直面危险，采取预防措施。不要惊慌，保持冷静，学会审时度势，根据当时的具体情况，采取最合适的行动。

那么，遇到色狼应该如何处理呢？

1. 沉着冷静

遇到色狼的时候，女孩的内心肯定是非常恐慌的，但是这个时候应该克服内心的恐惧，保持冷静。其实，不仅你如此想，你对面的"大灰狼"也是十分恐惧的，如果你出手反抗，他们很可能也就恐慌了，可能放弃了此次行动。所以，面对"色狼"时，要有大无畏的气概，找寻时机，尽快逃脱。

2. 有智谋

凡事要讲究方法，不可任性而为。无论是色狼，还是歹徒，他们为了顺利达到自己的目的，往往是规划了一段时间的。与之相对的女孩，则是在毫无准备的情况下，遇到这一切。所以，女孩在面对坏人时也不可横冲直撞，要讲究策略。可以从自己女性的身份考虑，利用歹徒小瞧女性的心理，假装放松对他的警惕，拖延时间，为自己的出逃做好准备。当然，女孩要仔细观察周边环境，利用周边的建筑物，必要的时候可以掩护自己，逃离险境。

3. 智斗色狼，有方法

紧急情况下，遇到"色狼"侵害时，女孩可以踢色狼的阴部，蒙住色狼的眼睛。"色狼"强行接吻时，可以咬"色狼"的舌头、嘴唇等，这都能起到一定作用。女孩也可以利用身边的物品，如用小水果刀扎"色狼"，用鞋跟猛踩色狼脚面，为自己脱困争取时间。

智慧锦囊 ★・・・★・・・★・・・★・・・★・・・★・・・★・・・★・・・★

一个女孩难免会遇到一些突发状况。在遇到不法之徒的时候，不要惊慌，一定要保持冷静。女孩只有内心是清醒的，才会让自己有机会脱离危险。如果只是一味地害怕，一味地向别人屈服，或许只会将自己置于更加危险的境地。女孩还要理智地思考解决办法，寻找合适的时机，该出手就出手。

女孩多学点防身术

十几岁的女孩就如同含苞待放的花朵，色彩鲜艳，异常美丽。但是这也容易成为不法分子侵犯的目标。他们正是看出了女孩往往还小，不知如何处理这种状况，才觉得自己有可乘之机。在这种情况下，女孩就应该增强自己的自我保护能力。只有懂得保护自己，在遇到特殊情况的时候，才能化险为夷。所以，在青春期学防身术，保护自己，免受伤害，就成了女孩的必修课。

小倩今年15岁，是一个初中二年级的学生。一天下午放学后，当她骑车经

过僻静的小路的时候，突然从边上冲出两个流里流气的小青年，挡住了小倩前进的路。这两个人都是二十岁左右，一副社会不良青年的样子，一人嘴里叼着一支烟，其中一个留着偏分发型的青年一边玩着手里的一把弹簧刀，一边对小倩说："小妹妹，身上有没有零花钱啊？我们最近缺钱，快拿出来给我们吧。还有，把你这辆车借我们骑两天呗！"

小倩知道，这是遇到抢劫了。自己怎么才能逃脱呢？首先，应该保持镇定，不能慌张，小倩从容地从车子上下来，迎面走到两个青年面前，装作要掏钱的样子，实际上却趁那两个人不注意，向手里拿着刀的青年的眼睛上来了一拳，又一把将他的弹簧刀夺过来。之后又在另一个人没有反应过来的时候，攻击了他。没过两分钟，两个男青年就被小倩打得趴在了地上，连连求饶。小倩这才回到自己的自行车旁，继续骑车回家了。

小倩能够安全脱险，还要感谢当年学习的防身术。原来，从小倩十岁那年，父母就给她报名参加了一个女子防身术兴趣班，到现在已经学了五年了。平时在家时，她也经常和爸爸对练。所以，两个大她几岁的普通社会青年根本不是她的对手。

因为练过几年防身术，在遇到抢劫时，小倩很轻松地就把对方制伏了，既保证了自己的人身安全，又保证了财产的安全。

女孩应该培养自我保护能力，学习点防身术。根据女孩的生理特点，女子自卫防身最有效和简捷的方式，是其防身的技能技巧。

像"徒手夺刀"之类的技术就不在女子防身术的考虑范围了，女孩所学的防身术特点在于学习时间短、成效明显，比如，膝盖撞击歹徒的裆部、肘关节撞击歹徒的腮部，掌击歹徒腋窝等方法，都能有一定效果。这些都是简单、实用的防身术，女孩可以多研究一下。

在紧急的情况下，可采取最有效的防身术，步骤简单，效果明显。如"色狼"向你扑过来，你可以向后退，就地取材，如在土地上抓一把土，将土向他的眼睛上撒去，这就给自己自救争取了一定的时间。用两个手指去插他的眼睛，这样也有一定的效果。还有一个动作，用膝盖顶他的裆部。这几个动作要连贯，千万不要断开，这样他就会防不胜防。

但女孩学习防身术时，也要注意：

1. 选择适合自己的防身术

并非每种防身术都适合每个女孩，比如，年龄太小的女孩是不宜学咏春拳的，因为在练习咏春拳时，是身体和智慧的结合，不仅要身体灵活，学习过程中还会运用一些作用力和杠杆原理的知识，年龄太小的女孩还无法理解这些知识，就无法活学活用。因此，咏春拳比较适合十岁以上的女孩练习。

女孩学习防身术，可以按照具体情况，如年龄、身体状况、爱好的不同，选择更适合自己的防身术。

2. 不可贸然行动，要保证自己全身而退

需要注意的是，女孩学了防身术之后也不可在遇到坏人的时候贸然硬碰硬，首先要保证的就是自己能够全身而退，安全才是第一位的。不要让自己陷入更加危险的境地。

3. 随机应变

方法并不是一成不变的，女孩要学会以自己的能力为基础，根据时间、地点等客观因素的不同而选择合适的方案。现实生活中，我们面对的不法侵害的形式也是多种多样的，所以防身时也要随机应变，更好地保护自己。

智慧锦囊

与男孩相比，女孩更加娇弱，更需要被保护。为自己的安全着想，女孩应该学习一些自我防卫的手段，树立正确的自我保护意识，学简单、有效的防身术以备不时之需。

第08章

长相身材不如意，
其他方面来弥补

女大十八变，越变越好看，在女孩的花样年华，就该享受这美好的时光。如果女孩对自己的长相、身材不满意，可以从其他方面入手，同样可以让自己光彩照人，如适宜的穿衣打扮、发型等，都能起到很好的修饰作用。其实，只要身体康健、着装得体、谈吐优雅、护肤得法，照样能魅力十足。

矮个女生穿着打扮注意事项

马克·吐温表示："服装可以建造一个人，不修边幅的人在社会上是没有影响力的。"一个人的服装也从侧面反映出这个人的一些小细节，如她的经历、品味、社会地位等方面的信息，着装是我们生活的重要组成部分，所以，选择适合自己的服装十分重要。

若是能够运用一些穿衣方面的小技巧，加上得体的举止，美好的风范，周到的礼仪等，常常令你做起事来事半功倍。

撒切尔夫人就在穿衣方面有自己独到的见解。她身为宰相夫人，尽管对其他方面不那么关注，但是她对自己的衣着要求却十分苛刻。当她去参加例行的政治活动的时候，总是戴着一顶老式的小帽，发型尽量做得蓬松，她比较钟爱大领片、厚垫肩的西装外套，再配上老式的皮鞋，当然不能忘记带上一个手提包。

尽管很多人并不欣赏她这种着装风格，但是撒切尔夫人却有自己独到的见解，虽然这样搭配可能有点过于老气，但不可否认的是这样的打扮整洁、朴素，很符合自己的身份，在这种政治场合很容易得到对方的认可，建立起威信。这也就打造了撒切尔夫人的"铁娘子"形象。

尽管撒切尔夫人已经退下了政治舞台，属于她的时代也已远去，但值得欣慰的是"撒切尔夫人风格"并未随之消散，她依然保留着自己的着装风格。"我平常就穿这些，我永远不会买一件休闲款式的衣服。"

20世纪80年代，就有许多设计师将撒切尔夫人的服装搭配搬到了T台上，展示给众人。这让我们记起了多年前的岁月，在1987年的皇家行军旗敬礼分列式上，克劳福德曾对撒切尔夫人的丈夫丹尼斯说："今天首相的气度看起来是如此难以置信。"丹尼斯爵士回答："35年来她都是如此。"她的服饰，已形成了自己的风格。

作为政治领导人，他们所塑造的形象必须是稳重而可信的，这就要求他们在着装的时候应注重整洁和干练，符合自己的身份，其中还可以有自己的小个性，给人留下深刻的印象，向别人传达自己强大的力量。

一个人的美丽，是容貌、身材、仪表、内涵、气质等诸方面的综合体现。只要把握住这些方面，让他们协调一致，就能展现自己的魅力。身材修长、高挑的女性，固然是大家所羡慕的，而体态娇小轻盈的女性、矮个子女生同样有自己的独特魅力，重要的是看如何装扮自己，选择的服饰是否适合自己。

会穿衣打扮也是女孩的必修课，也是女孩的资本。通过穿衣打扮能够提升自己的形象，让自己更加美丽。世界上没有丑女孩，只有懒女孩，每个人都有自己独特的魅力。你可能因为自己的个子比较矮而苦恼，其实不必如此，你只要学会些穿衣的小技巧，一样可以将你的魅力发挥得淋漓尽致。

1. 衣服的颜色

在色彩风格方面，矮个子的女孩应该选择温和色调，尽量避免极深或极浅的极端颜色搭配，全身服装色调最好相同或相近以修长身形。当然上下身衣服配色不同也可以选择，但值得注意的一点是比例问题，最好遵照上浅下深的原则，让别人将目光更多地放在头部或者肩部，转移别人的注意力。

2. 衣服款式

选择适合自己的服装，也要注重衣服的款式，让服装帮助我们扬长避短，让自己更加美丽。如选择套装的时候，衣服不宜过长，裤腿也不宜过于肥大。若是选择裙装，裙长应在膝盖以下。当然，也要注意上下身服装的协调，如上

身穿宽松的衬衣或者大风衣时，下身穿短裙或者细窄的裙子或者裤子就是不错的选择，能让你看着高一些。还有高腰装、不过膝的外套，都适合比较娇小的女孩，能够很好地修饰你的身材。

3. 鞋子以及帽子的选择

那些小细节也同样是不容忽视的，鞋子应该选择自己的尺码，不能过大，鞋跟应该高些，显得自己的双腿更加修长，最好不要选择平底鞋。

在帽子的选择方面，最好选择帽檐向上翻的款式，这样做的目的是显得你更加精神。若是选择帽檐向下的帽子，就会加让你看上去更加矮，暴露了自己的缺点，影响自己的形象。

智慧锦囊 ◆━☆━━☆━━☆━━☆━━☆━━☆━━☆━━☆━━☆━

选择适合自己的衣服，才真正是"自己的衣服"。"自己"的衣服是让自己穿得舒服，给自己美好享受的同时，也能展现自己最好的一面，让别人也能欣赏到自己的独特魅力。如果你的衣服无法让你身心愉悦，即使你十分喜欢，那也是不适合你的，适合自己的才是最好的。

节食减肥会让女孩疾病缠身

爱美是每个人的天性，女孩到了青春期后，大多开始关注自己的外貌，追求更完美的自己。女孩开始对减轻自己的体重有狂热的追求。但也应该注意方法，若方法不得当，只会适得其反，还可能让自己疾病缠身。

对美的追求固然是好的，值得去提倡的。但是在减肥的过程中，却隐藏着很多不正确或者扭曲的做法的陷阱，如果控制不好，不仅不能减肥，还会适得其反，甚至让自己疾病缠身。

众多减肥方法中，节食减肥就是一个不可取的做法。有一部分人认为，胖是由于自己吃得太多，那么只要自己少吃一些，那么体重是不是就会减轻了，身体中堆积的脂肪也会被消耗。所以有的人就提倡节食减肥，为了达到瘦身的目的，一直减少食物的摄入量。最后，由于营养的摄入量不足导致自己的身体健康受到严重威胁，甚至危及性命。

小丽是一名初二即将升初三的女孩，和她一样的女孩这一段时间最担心的就是学习成绩了，因为她们有很大的升学压力。可是，小丽却被更大的烦恼缠住了。暑假的时候，班上好友叫她一起去游泳，她找来很多借口拒绝掉了，因为她认为肥胖的自己站在游泳池边会无地自容。闺中好友找她一起逛街买衣服。当进了商场以后，看到自己喜欢的衣服，她也只是艳羡地多看几眼，当售货员鼓励她试穿的时候，她对自己一点信心都没有，原因只有一个——肥胖的自己穿什么都不好看。

后来，小丽下定决心减肥。她给自己制订了以下一些计划：不吃主食，只吃水果；每天晚上进行长时间的跑步运动。同时，她还背着妈妈偷偷拿自己攒下的零用钱买来了减肥药吃。

一个月以后，小丽惊喜地发现自己的付出有了结果，她减掉了将近20斤。可是见到她的人都说她怎么面黄肌瘦了，而且她自己在很多时候都有种晕晕的感觉。幸好这种现象被妈妈发现了，当了解到她的减肥计划和行动后，妈妈及时地制止了她，并介绍了一些健康的减肥方法给她。而现在的小丽，虽然并没有瘦下来很多，但是看起来很健康、很快乐。

其实，很多女孩也曾经用过与小丽相同的方法来减肥，但这都是不可取的。节食减肥还很容易反弹，此消彼长，每反弹一次就会增加一分减肥难度，使情况恶化一分。不幸的是，你长年的不良减肥史，最终造成现在严重的后果，哪怕吃得再少也不会瘦，稍微一多吃，脂肪合成功能极度强化，立刻长胖。所以建议你立马停止这种暴食节食的行为，然后遵循健康减肥原则，让自己更健康，远离危害。

节食减肥是健康的杀手，在女孩成长的过程中，应保证足够的营养摄入量，不能影响自己的生长发育。如果过度节食，无法供应所需的营养元素，不仅会影响到人体内部各组织、器官的发育，还会影响到各器官的功能。不仅如此，还能导致各种营养缺乏症，如肌体免疫力下降、体力下降、智力发育障碍等。过分节食还能导致新陈代谢失调。节食减肥就是一个恶性循环。有的人就因过分节食，而患厌食症，进食越来越少，甚至对食物产生厌恶感。对于此种状况，应使自己尽快摆脱节食的负面影响，采取综合措施，制订合理的饮食计划，改变自己的饮食习惯。

减肥需要控制每餐进食量，但这并不意味着女性要杜绝进食。过度节食减肥会严重危害身体健康，女性必须走出节食减肥的误区，明确应当远离的食物，在保证自身饮食营养均衡的前提下有效保持身材。

过度节食减肥会严重威胁人的健康，女孩应该走出减肥的误区，树立健康的减肥观念，学会在保证营养吸收的同时有效保持自己的好身材。

节食减肥的害处，你了解多少呢？

1. 节食减肥，降低代谢

很多人为了追求所谓的完美身材，试图通过过度节食来减肥，身体内的热量无法供应正常的生理功能。身体为了保持足够的能量代谢需要，体内的基础代谢将会降低，脂肪并不会减少，在这个过程中，反而消耗了瘦肌肉来维持供给。随着瘦肌肉的消耗，肌肉强度下降，而体内脂肪的含量越来越高，形成一种不良循环。这也就是节食减肥反而越减越胖的原因所在了，基础代谢率降低是关键问题所在。长时间节食减肥还威胁减肥者的身体健康。

2. 记忆衰退

脂肪是大脑工作的主要动力来源，营养摄入少，体内脂肪的摄入量和存储量都不足，造成营养不足，脑细胞会受到影响，进而影响记忆力，导致记忆力衰退。有研究表明，节食减肥的女性常会出现记忆力衰退的现象。

3. 导致各种维生素的缺乏

人体除了需要足够的热量供应外，还需要足够的维生素摄入，而节食将导致多种维生素缺乏病。如维生素B₂缺乏可导致脚气；维生素C缺乏可导致坏血病；维生素D缺乏可引起骨代谢异常，身材长不高或骨骼变形；维生素A缺乏可引发夜盲症等。

节食减肥还可以引起其他病症，不要以健康为代价来减肥。

智慧锦囊 ★━━━★━━━★━━━★━━━★━━━★━━━★━━━★

爱美是人的天性，女性似乎尤其对这个天性保持一种持久的信仰。想要减肥成功，就要实现燃烧多余脂肪，多参加体育运动，让自己更加活力四射、光彩照人。若减肥是以失去健康为代价，那么减肥也就没什么意义了。对于想要减肥的朋友来说，不妨选择更加科学的减肥方式，放弃节食减肥才是明智的选择。

"黑玛丽"穿衣打扮有技巧

女孩一生中最大的个人消费就是服装，每一年的衣装都像一个美丽的篇章，融入了这一季、这一年的流行时尚元素。但作为女孩，一定要知道的是，流行的并不一定适合你，你喜欢的颜色、款式也有可能不适合你。穿什么款式、什么颜色的衣服要考虑到自己的肤色、身材、年龄等相关条件，适合自己的，才是最好的。

玲玲是一个活泼开朗女孩，她总是觉得自己皮肤偏黑，没有别人那么白皙，也就不怎么关注自己的打扮了。平时总是穿着很随意，把自己装扮成假小子的样子，留着短发，衣服也总是偏中性的。对于玲玲的打扮，她的妈妈也没有说过什么，因为妈妈自己也不爱打扮，她认为一个注重打扮的女孩，容易成

为爱慕虚荣的人。她还经常对女儿说："衣服只要能穿上就可以了，根本没有必要去在意淑不淑女。"

等玲玲上了初中后，和自己一起长大的同伴都如同出水芙蓉一般亭亭玉立，简直就是标准的淑女。而玲玲却仍像小时候一样，穿着宽松的运动服，头发短短的，走起路来手还插在裤兜里。

有一次，玲玲和几个男生打闹说笑。当玲玲举起拳头要打一个男孩时，那男孩气冲冲地说："你看你，穿的像一个男孩，说话也大大咧咧，一点都不像女生。"听了同学的话，玲玲不知所措，面红耳赤地离开了。

其实，随着青春期的到来，每个女孩都想要自己变得美美的，看着身边的人总是很会打扮，谁不羡慕呢？但是，有的女孩可能还没有找到好的解决办法，就此放弃了，就像玲玲一样。其实，女孩可以选择适合自己的服饰，来修饰自己的缺点，让自己充满魅力。

那么，像玲玲一样皮肤偏黑的女孩，选择服装时应该注意哪些方面呢？

1. 符合自己的性格

根据自己的个性选择服装：个性美的塑造是以突出个人的优点为目标。因此，对每一个人来讲，选择合适的服装，利用着装来突出优点、修饰缺点，穿出自己的韵味是非常重要的。色彩对人们的视觉和心理产生着不可抗拒的作用，因此，用色彩来弥补个人性格的缺陷，也是十分必要的。高调配色能创造明朗、轻松的气氛；低调配色有庄重、平稳、肃穆的意味。穿上浅粉、淡绿、嫩黄色的时装就显得年轻活泼；灰、黑色的着装就显得老成稳重。所以，忧郁的人不妨在着装上高调配色，选择明快的颜色；急躁的人不妨穿得淡雅一些。

2. 颜色的选择

肤色发黑或者略黑的女孩，衣着配色尽量避免与肤色同色系调和，暗色调也不适合，宜采用高明度或高彩度的色彩，也可以用鲜艳的色调来强调与肤色的对比。还可利用粉底来改变肤色，提高明度，这样对肤色进行适度调节之后，穿着配色的弹性也就增加了不少。

3. 衣服的质地

质地即衣服的用料，不同的布料在反光、伸缩性、触感和耐用性方面都存在着很大差异。如果一套衣服的上下身在质地上相差悬殊，不仅影响服饰的美观，也会影响我们的舒适度。因此，在选择服装搭配的时候也要考虑到服装的质地问题，以确保整套衣服的整体效果，为自己的魅力加分。

智慧锦囊 ★　　★　　★　　★　　★　　★

选择服饰应考虑到个人因素，因为服装除了要考虑到实用外，还要兼顾艺术性，服装已成为人们进行社会交往和展示个性特征的重要手段。合适的服装搭配，讲究内外协调的整体美，这样才更具美感，才能够充分展现自己的独特魅力。

清水出芙蓉，追求自然美

花季少女，尤其是处于中学阶段的女生，什么才是真正的美呢？其实，最美丽的姿态还是保持自然美，追求清水出芙蓉的美。青春的女孩都是美丽的，在那个青春、年少的年纪，女孩要充分展示出少女独有的青春自然美，那就是健康、活泼，有朝气，柔而不弱、美而不俗。

真正的魅力不是刻意修饰出来的，只有自然美才最打动人心。

雨珍是个漂亮的女孩子，上初中后，她开始喜欢照镜子，有时拿妈妈的化妆品在脸上涂涂抹抹。妈妈对她的做法很不满意，就说："也不见你在学习上多下功夫，就知道臭美。"妈妈唠唠叨叨的说教不但没有效果，反而引起雨珍的反感。雨珍心想：爱美是人之常情，有什么不好的，化妆与学习有什么关系

呢？干吗扯到一起？雨珍觉得妈妈不理解自己，渐渐地和妈妈疏远了，有了心事也不愿意和妈妈说。

雨珍的变化被妈妈察觉到了，妈妈在咨询相关专家后，改变了自己的教育方式。一天，雨珍又在对着镜子开始化妆，妈妈面带笑容地走过去，说："其实妈妈小时候和你一样爱照镜子，喜欢用化妆品，曾经还因为不如别人长得漂亮而哭过鼻子呢，也许很多人都曾经有过这样的经历呢。其实，到了青春期，你开始关注自己是否漂亮，想越来越美，这是一件好事。可是我觉得女孩应该追求自然的美，不要总是涂抹胭脂水粉，看你，现在就挺好的，乌黑的头发，白皙的脸蛋，明亮的双眸，这正是让人羡慕的美丽啊！少女时期是人生中最美的，但又是最短暂的。妈妈建议你把青春自然美展现在大家面前，妈妈给你买了一盒润肤霜，至于其他的，就不要用了，它们不适合你。"雨珍疑惑地洗了脸，对着镜子看了看自己，觉得妈妈说的有道理，也就接受了妈妈的建议。母女的关系开始和好如初。

在那个周末，雨珍在妈妈的陪伴下一起到商场购物。在选择过程中，妈妈建议雨珍选择一些适合她自己的衣服，这样才是最美的。像她这个年纪，自然得体的运动休闲装即是不错的选择，既符合学生的身份，又能显示出青春活力。妈妈还建议雨珍不要盲目跟风，选择一些奇装异服。

雨珍愉快地接受了妈妈的建议，买回了一套既时尚又合身的衣服。回到家，雨珍穿上新买的衣服，对着镜子照了照，高兴得直夸妈妈有眼光。

爱美之心，人皆有之。所有的女孩都如雨珍一样，渴望自己更加美丽。但是，每个人对于美都有自己独特的解读方式。有些女孩喜欢化妆，的确，化妆可以让人气色更好，但是同时也意味着女孩失去了真实、自然，失去了青春本该有的色彩，因而也就失去了美。而有些人，喜欢追求时尚，追求名牌，让自己更加突出，看上去似乎很突出，其实，也就失去了青春少女该有的模样。

其实，"清水出芙蓉，天然去雕饰"的自然才是最美的。自然是美的精髓，自然美在不同的年龄阶段有不同的面貌。婴儿时期，童真的笑容；少年时期，灿烂的笑容；青年时期，释放激情，都是最美的状态。而处在青春期的女孩，无须任何修饰其实就是最美的！

1. 积极的心态

自然美是健康美，健康是整体美的基本条件。精神好，神采奕奕，才是真正的美。不管男性还是女性，一个人如果面容憔悴，精神萎靡，绝不会给人以美感。封建社会的审美观，女性以娇弱妩媚为美，但它有悖于现代审美观。因此，自然健美首先要善于养生，心情愉快，饮食健康，生活规律，锻炼身体，劳逸结合，适应自然，预防疾病，这样才会精气充足，气血旺盛，精神饱满，形体健壮，获得健美的形象。

2. 充满自信

自信的女孩更有魅力，自信可使女孩更加美丽，内心更加愉悦，外表亦变得光彩照人；自信可使女孩神采飞扬，气度不凡；自信可使不漂亮的女孩变得美丽，充满魅力。

女孩如果拥有了美貌这个先天条件，假如她想使自己变得更美丽，这就需要多一点自信。美丽而又自信的女孩，既拥有迷人的气质，又拥有夺目的魅力，她们让自己的美丽越加闪亮。

3. 增强体育锻炼

多多参加体育运动，既增加皮肤抗寒防感染能力，又能加速血液循环，为面部皮肤增添营养，情绪也能保持愉悦，感情波动不大，对美容也是十分有益的。

智慧锦囊　★　　　★　　　★　　　★　　　★　　　★　　　★

清水出芙蓉，天然去雕饰。女孩之美不在雕琢，女孩想要让自己越加美

丽，散发持久的个人魅力，"自然美"，是美的基础，"美得自然"是美的技巧，明白了这些，就真的离美不远了。

小眼睛女孩的发型选择技巧

发型展示着很多信息，选择一款适合自己的发型至关重要。美国前总统克林顿的夫人希拉里曾说过："发型非常重要。你的发型为你周围的人传达了重要信息：你对这个世界所怀有的希望和梦想，但更多的是传递了你对自己形象的希望和梦想。"

发型其实能从侧面反映出一个人的形象，不仅能彰显出自己的个性，同时也向身边的人展示自己的态度，或尊重、或喜爱、或桀骜不驯。所以说，发型也是一个人魅力的体现。

小眼睛的玲玲是一个很简朴的人，平时也不舍得买新衣服，就连头发也是自己随便剪一剪。可是有一次剪得非常糟糕，简直是无法观看。尽管后来玲玲去理发店修剪了一番，可是也没有好多少，无奈之下玲玲只好开始了每天戴帽子的生活。有太阳的时候还好，可碰上大阴天，戴个太阳帽出门是很滑稽的。但玲玲认为还是比露出自己失败的发型要好些，所以就这么勉为其难地撑着。

到一个月后，新的头发长出来，总算让自己的发型没有那么糟糕了。所以玲玲就摘下了帽子，让自己的发型暴露在他人的面前。虽然还是有点难看，但玲玲也没那么在乎，她想反正过一段时间就能长出来，何必那么纠结呢。身边的朋友也都习惯了，所以玲玲也没把自己糟糕的发型当回事。

但客观存在的东西，并不会随着自己的忘记而消失。一次在公司组织旅游的活动中，玲玲去了很多风景优美的好地方，照了很多漂亮的景色。玲玲很

是开心。可回家欣赏照片的时候。却傻了眼。里面凡是有玲玲的照片都没办法看，因为她的形象在照片中看起来实在是惨不忍睹，一头糟糕的发型毁掉了旅游归来的心情。

有了这次的经历，玲玲相信了一个道理：发型是一种艺术。原来她一直嘲笑"发型设计"这类词，觉得一个简单的发型还需要设计什么，根本就是小题大做。但现在玲玲彻底改变了自己的观念，发型的确会影响自己的形象。

时尚像一个万花筒，时尚瞬息万变，唯一不变的是对发型的执着。你可以选择做一个长卷发，或者披肩长直发；也可以将头发盘成一个松松的发髻，再加上一个精巧的发饰；也可以扎一个马尾……百变的发型给人带来不同的面貌。总是不停地变化发型，找到一种适合自己的发型的才是最重要的。不随波逐流，不再盲目跟从时尚的脚步，会根据自己的特色选择最适合自己的发型，适合自己的就是最好的。

追求发型美已经成为人们生活的一部分，发型选择得体，可使人平添妩媚，反之，却给人以矫揉造作的感觉。那么小眼睛的女生，应该选择什么样的发型，让自己的头发显得自然潇洒，轻松活泼，又不落俗套呢？这里面大有学问。

选择适合自己的发型，无疑似锦上添花，让自己的形象更加好，也让身边的人也更加喜爱你。那么，如果是小眼睛的女生，选择发型有哪些建议呢？

1. 运用刘海，分散注意力

平刘海适合眼睛比较大的人，这是因为这款发型将人们的注意力吸引到中庭的位置，让眼睛更加引人注目，此款发型不适合眼睛小的女孩。

与平刘海相比，斜刘海的适用范围更加广泛。它的特点是通过漏出前额的一小块位置，加强了五官的气质的上升感，眼睛小的女生可选择此款发型。对于眉毛下垂的人，这款发型也是个不错的选择。

2. 简单的马尾

当然，也可以选择简单的马尾。既凸显青春活力，又通过厚厚的弧度将眼睛衬托得越加明亮美丽。这款发型的特点是以刘海衬托作用，让人们的关注点不再集中于你的眼睛上。再配合自己的脸型，稍作修饰一下。适当地留一点刘海，就能让别人忽视你眼睛的大小了。

3. 根据场合选择最适合自己的发型

发型的变化能够改变人们的外在形象，选择一款适合自己的发型，能让你更加光彩照人。但也应该注意，在不同的场合，选择不同的发型。如参加社交场合的时候，发型就是表达你内心气质的语言，如短发显得干练，长发显得飘逸，卷发显得妩媚。

社交场合，发型也要适当改变，而变化主要依据场合和着装做调整，让你的发型适合场合的气氛。

智慧锦囊 ★━━★━━★━━★━━★━━★━━★━━★━━★━━★━━★━━★━━★━━★━━★━━★

发型是一个人形象很关键的一部分，选择了不适合自己的发型，往往会使脸型的缺陷暴露，任何服装都不能为你增色。而适合的发型则会让你的形象更鲜活生动，更具魅力。找出适合的发型并不困难，关键是要有认真的态度，才能使发型更得体，形象更赏心悦目。

第09章

让勇敢成为动力，
做梦想的坚持者

阳光的每一次照耀，都是勇敢的追梦，风的每一次吹拂，都有勇敢的追逐。成功的公式里，勇敢是必不可少的一部分。想要实现自己的梦想，就不要在现实面前止步，就要学会勇敢。让勇敢成为自己向上的动力，成为成功的催化剂，让自己扬帆远航，到达成功的彼岸。

别怕，要做勇敢的女孩

美国前总统林肯曾经说："勇气往往比才华与天赋来得更有力量。"没错，成功的元素有才华与天赋，但勇气也是必不可少的。试想一下，在机会面前，若连紧抓的勇气都没有，那么也只是空有才华的包袱，而没有实现梦想的舞台。

成功者与失败者之间的分水岭，可能就是少了一点点的勇气。勇气是一种催人向上的助力，当女孩不再畏惧，勇敢前行，就会惊喜地发现，原来成功也没有想象中的那么难。很多时候，是自己心中的害怕阻碍了自己前行的脚步，是自己将完成事情的难度无限放大了。只要勇敢地迈出坚定的一步，以积极的心态去面对未知的考验，问题就会迎刃而解。

她从小就是一个胆小的女孩子，就是路边有一只小狗都要远远地躲着，甚至对下楼梯和下坡都充满恐惧。

这种懦弱的性格也造成了她内向的性格，她不会和别人打交道，在集体中也很少说话，和老师的交流也很少，更不用说和同学一起参加户外活动了。平时，她总是一个人，沉浸在书本的世界，整天泡在图书馆。还好，她的成绩还算不错。由于这种性格，上初中后，她连对上体育课都充满恐惧，每当老师让学生跳水或者翻杠时，她都十分紧张。

那时，她的父亲是当地一位有名的神学院院长，十分有爱心，对她寄予厚望。所以她的表现有点让父亲失望，但并不绝望，他总是不厌其烦地教女儿如

何培养自信心，不要连改变自己的勇气都没有，不断地鼓励她。她的父亲还想要借助老师和同学们的力量，让她尽快走出这种状态。

有一次，上体育课，老师要求每个同学练习跳水。站在3米的跳台上，她的恐惧又涌了上来，双腿忍不住发抖。她内心的恐惧让她连尝试的勇气都没有。她吓得眼泪都出来了。

专门来学校看她的父亲在下面对她说："不要害怕，孩子，你还没有试，怎么就知道自己不行呢？孩子，跳下去！"可她还是不敢。

父亲又说："相信自己和爸爸吧，你也可以和大家一样，完美他完成这次挑战，你是勇敢的。"于是，她勇敢地踏出了第一步，然后闭上眼睛尖叫着跳了下去。游上岸后，同学们对她报以热烈的掌声。当时她很激动，我竟然也成功了？我原来也可以从那么高的台子上跳下来？

从此以后，她的胆子逐渐大了起来，她发现自己眼中恐惧的事情其实也没有那么可怕，只要自己勇敢一些，任何难题都迎刃而解了。

此后，她的成绩也突飞猛进，在两次国家奥林匹克数学竞赛中都表现优异，并在32岁那年获得了物理学博士学位。她还逐渐养成了富有挑战的性格，与幼年截然相反。她对体育、文化、政治、经济等都产生了浓厚的兴趣，并小有成就。

她叫安格拉·默克尔，德国政府第一位女总理。在竞选中她击败了连续执政7年的上一任总理施罗德，成为德国历史上首位女总理。任职后，她又以大胆、果敢、雷厉风行的政治作风引起国内外政界的震动，被外界称为欧洲政坛的又一位"铁娘子"。

真正的强者是不畏惧任何困难的。成长的道路并不是一帆风顺的，它充满坎坷。想要成为一个强者，就要有勇气面对一切，对于那些前进道路上的困难，要想尽一切办法解决。正如安格拉·默克尔所说："当你脚下发抖的时候，请勇敢地再向前迈出一步，你就胜利了。"勇气是成功的必要因素。

做有勇气的自己，我们才能在人生的道路上越走越远。成功或者失败，只是人生的一次历练，未来之所以让人着迷，是因为它的未知。人生没有坦途，有的只是我们继续奋斗下去的勇气。人生是一个不断自我实现的过程，既然我们要实现自己的价值，就一定要把握好自己，不要让自己在人生旅途中畏缩不前。

1. 勇气，磨砺中绽放生机

女孩的生命中不能缺少勇气。在我们的人生旅途中总会遇到各种挫折和磨难，这时我们要用勇气来武装自己，披荆斩棘。女孩拥有了勇气，就如同有了能一路过关斩将的开道长枪；女孩拥有了勇气，就拥有了能抒写自己美妙人生的力量；女孩拥有了勇气，就如同有了一路乘风破浪的风帆，能历经磨难抵达美丽的伊甸园！只有经过逆境洗礼，才能勇往直前破茧化蝶。

2. 培养勇气，不错失机会

尝试的开始，需要勇气。每个人在踏上征程之前，都应宏观思考一下。影响他们做出选择的因素有很多，客观因素存在于外部，而是否有勇气则存在于内心。每个人都可以是有勇气的人，勇敢去面对机会，才能获得成功；没有勇气，就会错失成功的机会。

3. 拥有勇气，让你高贵

胆怯和恐惧就是成功的阻碍。勇气令女性气质优雅，品格崇高。一个勇敢的女孩能把握自己的生活节奏，规划自己的自由时间，高贵而令人喜欢。

智慧锦囊

人生的道路崎岖而漫长，想要取得成功，就要有勇气的扶持，但是很多人连尝试都不敢，不愿承担任何风险，我们缺少的正是敢于尝试的勇气，有了它相伴，让你无畏，勇敢地接受生活赋予我们的挑战，感受存在的价值和奋斗的快乐，在成功的路上越走越远。

学会合理地拒绝他人

女孩要想获得别人的喜爱，就应该多多关心身边的人，在别人需要帮助的时候，及时伸出援手，因为乐于助人是传统美德。但帮助别人也不能毫无原则，对于那些不合时宜或不合情理的请求，完全可以拒绝别人，不要难为自己。比如有的人明明自己很有钱，却哭穷向你借钱，原因是怕自己提前取款会损失利息。这样的请求明显是自私的行为。还有的人请求我们完成那些我们根本无法达成的事情，这时我们就应该学会拒绝别人。

答应别人是一件很爽快的事，拒绝别人则正好相反。尤其是请求你的人是和你关系亲密的人，拒绝别人后往往会产生不安的感觉，害怕伤害到对方，怕别人觉得自己不够义气或自私，影响两人之间的关系。但有时候，拒绝别人也是十分必要的，否则可能无法帮助对方，还会给别人带来麻烦，女孩就应学会拒绝别人。

学会拒绝是一种自卫、自尊。学会拒绝是一种人生智慧。学会拒绝是一种意志和信心的体现，学会拒绝是一种豁达，一种睿智，是一种人生哲学。学会拒绝他人的无理请求，才能活得自由自在、明明白白，活出精彩。

启功先生是我国著名的书法家，所以他在世期间，有许多人慕名而来。人们这种热情和好学的态度给启功先生带来了许多不便，使他原本平静的生活也被扰乱了，启功先生也不得不自嘲道："我真成了动物园中供人参观的大熊猫了。"

有一天启功先生生病了，就在自家的门上贴了一张白纸，写道："熊猫病了，谢绝参观。如有敲门窗者，罚款一元。"

前来启功先生家的人在看到启功先生的这张字条后，纷纷离开了，而且还深深体会到了启功先生的良苦用心。如果启功先生换一种方式，用很生硬的写法——"身体抱恙，谢绝访客"——告诉大家，那么可能就没有这么好的效果

了。远道而来的客人却得到如此生硬的拒绝，大家可能会觉得不舒服。

著名漫画家华君武得知了启功先生这个幽默的字条后，就专门画了一幅漫画，并在漫画上题字："启功先生，书法大家。人称国宝，都来找他。请出索画，累得躺下。大门外面，免战高挂。上写四字，熊猫病了。"以此来表达对启功先生的关心。

不久之后，启功先生的好朋友黄苗子得知了启功先生生病的消息。黄苗子为了保护自己的挚友，就以"黄公忘"的笔名写了一首歌词，歌的名字叫作《保护稀有活人歌》，并发表在《人民日报》上。

在黄苗子《保护稀有活人歌》的末尾写道："大熊猫，白鳍豚，稀有动物严护珍。但愿稀有活人亦如此，不动之物不活之人从何保护起，作此长歌献君子。"就是为了呼吁所有人关爱老年知识分子的身体健康，给他们的生活留下更多的自由空间。

喜剧大师卓别林曾经说过："学会说'不'吧，它会使你的生活变得更加美好。"一般来说，拒绝别人确实是一件十分为难的事情。日本一所"说话技巧大学"的一位教授说："央求人固然是一件难事，而当别人央求你，你又不得不拒绝的时候很让人头痛。因为每一个人都有自尊心，希望得到别人的重视，同时我们也不希望别人不愉快，因而，也就难以说出拒绝之话了。"

拒绝他人确是一件伤感情、导致尴尬局面的事情。但如果女孩能学会一些拒绝他人的小技巧，也就能避免这种尴尬境况的发生，从而将尴尬的状况转换成轻松、愉悦的氛围，既达到自己拒绝别人的目的又不伤感情。

1. 据实言明

拒绝别人时，若想要不破坏彼此的关系，必须采用同情的语调和了解对方心情的姿态来处理。

有些人在拒绝对方时，因为感到不好意思，而不敢说实话，这也就让对方摸不着头脑，不了解你的真正意图，而产生许多不必要的误会。其实，在人际交往中，拒绝别人，是常有的情况，因此而关系破裂的并不多；倒是有些人说话语意暧昧、模棱两可，反而容易引起对方误会，甚至导致双方越来越疏远。

在你拒绝别人的时候，一定要想一下对方是什么想法，尽量明快而率直地说明实情，这才是有效的拒绝方法。

2. 拒绝别人时语气要温和

当你听取了别人的请求并认为自己应该拒绝的时候，说"不"的态度必须是温和而坚定的。委婉表达拒绝，也比直接说"不"让人容易接受。

例如，当对方的要求是不合公司或部门规定时，你就要委婉地表达自己无法完成，并暗示他如果自己帮了这个忙，就越级了，违反了公司的有关规定，很可能被开除。在自己无法提供帮助的情况下，要让他清楚自己工作的先后顺序，并暗示他如果帮他这个忙，会耽误自己的工作进度，可能会影响公司项目的进度，影响巨大。

一般来说，同事听你这么说，一定会知难而退，再想其他办法。

3. 留给对方一个退路

有些人喜欢自以为是，固执己见，总认为自己的意见是正确的，根本不听从别人的意见。当你遇到这种人，想要拒绝时，一定要掌握一些小技巧。

你必须自始至终，耐心地听听他的想法。一个人在说话的时候，心里一定也留有一个空间来容纳对方所讲的话。当你了解他的意图后，心里应该就有了打算，知道如何劝解对方、拒绝对方，才能不伤害对方。

智慧锦囊 ❖━━★━━★━━★━━★━━★━━★━━❖

拒绝也是一门说话的艺术，学好这个技巧，就会达到目的又不伤感情。拒绝别人是你的权利，也是负责任的表现。女孩学会拒绝别人，不要没有原则，这是一个青春期女孩应该学会的人际交往技巧，学会拒绝别人的无理请求，才是正确的选择。

女孩大胆一点儿，活出自己的精彩

现在，有不少孩子非常胆小，尤其是女孩。她们连尝试的勇气都没有，就被自己的恐惧打败了，其实，这只是自己把困难放大了，很多事情并没有想象中的难。任何一个有成就的人，都有勇于尝试的经历。尝试也就是探索，没有探索就没有创新，没有创新就不会有成就。所以说，成功人生始自于尝试。

一个叫伊伊的女孩在北京开了一家继酒吧、陶吧、书吧、氧吧等之后的又一种时尚的吧——"床吧"。在她的店里，摒弃了那些传统的桌椅，全都换成了大小不一各式各样的床。这个大胆新鲜的经营方式让她三年就收获颇丰。

2005年春天，准备参加公务员考试的伊伊在查资料的过程中，偶然看到一则关于"床吧"的趣闻：路易十四爱上了一个平民女子，便乔装来到女子家。女子家太穷，连一张招待客人吃饭的桌子都没有。女子急中生智，把饭菜摆上床，于是二人在床上享用了甜蜜浪漫的一餐。事后路易十四便命人制作了一张既可休息又可用餐的床。后来民间纷纷效仿，演变到后来就出现了用于餐饮、休闲场所的"床吧"。"床吧"如今已遍及欧洲各大城市，但在国内还没有兴起。

当时伊伊只当作一个故事，也没怎么在意。公务员考试失利后，她到古城西安散心。在当地的"农家乐"里，她被炕吸引住了。它既可以休息，在上面放上一张短腿小炕桌，又可以吃饭会客。这让她联想到了之前在网上看到的"床吧"。她想：床象征着温馨、随意、舒适，如果在生活节奏快的北京开一家"床吧"，应该很受欢迎。

于是她向自己的好友诉说了自己的想法，大家都觉得这是一个十分新颖有趣的经营项目。有了朋友的支持，伊伊更有信心了。在经过一段时间的调研、走访后，伊伊将店址选在了朝阳区一幢租金比较低廉的商业大厦的三楼。

伊伊聘请了老同学来全权负责"床吧"的设计工作。"床吧"里用格子木架隔成大小不一的包间，靠过道的一侧是一扇活动门，每间都配有拖鞋、矮桌、小凳、床毯、抱枕等配套设施。这种设计能让顾客感受到床吧的独特魅力，或坐或卧，或吃或玩，随意自然。

考虑到在床上吃饭的特点和目标顾客是年轻人，伊伊聘请了两位西餐厨师，主营西餐。2006年2月，独树一帜的"床吧"对外营业了。伊伊要求服务员将卫生放在第一位，要保持床单的清洁。

但是由于没有采用很好的宣传手段，"床吧"生意并没有预期的好。在电视和报纸上做广告宣传，费用太高了。就在她苦恼不已的时候，店里来了一对年轻情侣。结账时，他们让服务员把伊伊叫了过去。原来，他们是报社的记者。

两天之后，某报纸在消费专版以《西餐上了床，规矩下了床》为题对伊伊的"床吧"进行了详细的报道。随后当地几家报纸纷纷转载。原本冷冷清清的"床吧"一下子顾客盈门，每天的营业额都在3000元以上。"床吧"终于在开业两个月后开始赢利。

好事多磨，当"床吧"的生意火爆的时候，外面却谣传"床吧"经营的不是正经生意，有一些客人在床上做些不规矩的事。"床吧"的生意一下子又冷清了。伊伊想：一定要想办法让流言不攻自破。

2007年5月的一天中午，一对情侣用餐后想整个下午继续待在这里喝咖啡。他们愿意多付一些钱。面对顾客的新要求，服务员拿不定主意，请示了伊伊。当时并不是用餐高峰期，伊伊便答应了顾客的要求。顾客的这一举动也启发了伊伊。原先她只将"床吧"定性为餐厅，注重从餐饮方面获利，却忽略了床的最大魅力在于休闲。于是她立即将"床吧"调整为休闲场所，同时提供餐饮服务，收费改以小时计算，食物和酒水另计。这一改令"床吧"的营业额大幅提升。

几个月后，"床吧"在营业高峰时段常常爆满，许多顾客需要在门外等候

空位。2008年2月中旬，伊伊盘下了隔壁一家生意冷清的书店，扩大经营空间，还增添了顾客等候区和"碰碰对"专属区域。"碰碰对"专区里挂满了线帘，线帘下端是一个个的小便签，年轻人可以随便在上面写上自己的姓名、心愿、联系方式等，给年轻人提供交友的机会。"床吧"从此更受欢迎了。

多点尝试，为生活多添点不一样的色彩。

1. 战胜内心的恐惧

只有克服了恐惧，勇敢地踏出那关键的一步，才能取得成功。可是现实生活中，人们总是于无形中扩大了困难本身，总是害怕，不愿承担后果，越是如此想，就离成功越远。恐惧往往来自于自身，成功也许就需要你勇敢地跨出那一步，鼓足勇气，勇往直前，直达成功。

2. 学会尝试

尝试需要勇气，勇气是成功的助力；尝试需要坚忍，坚忍铸造辉煌；尝试需要参与，参与才能多积累经验、开拓眼界。如果连尝试的勇气都没有，虽然不会失败，但也没有成功的可能。相信我们不是屡试屡败，而是屡败屡试。无论经历多少次的失败，都能在下次失败来临的时候也能站起来微笑着面对，这些难关都不会阻碍我们前进的步伐。也许奔流掀不起波浪，也许攀缘达不到顶峰，但我们毫无怨言，因为只有尝试过，才能收获无悔的人生。

树立坚定的信心，勇敢迎接挑战。"天才不过是百分之一的灵感，再加上百分之九十九的汗水。"大胆尝试和创新需要学会付出，不怕失败，特别是自己从来没有做过的事情，就要做好可能失败的准备。

智慧锦囊

成功者在机遇降临时，总能大胆尝试。生活中，有时我们必须大胆去尝试，唯有尝试，才有成功的机会。胆小的人注定与成功无缘。所以，培养自己冒险的精神，是成功的前提，胆小的人是人格不健全的人，胆小的人无法战胜重重的考验，最后只能沦为碌碌无为的人，只能是没有创造精神的墨守成规之人。

你付出努力，命运才会给你回报

要想得到一些东西，你就必须得付出，付出和回报是息息相关的。俗话说，一分耕耘，一分收获。虽然你没有刻意追求回报，但它总是会在未来等着你的到来。

不要认为自己是女孩，就刻意不努力，不拼搏，就算是女孩，也应该学会通过自己的努力获得自己想要的一切。如果你不是天生含着金汤匙出生的有钱人家的公主，那么你除了拼搏和奋起直追，没有其他的选择。你要坚信，只要你愿意付出，总有回报会在未来等着你。

毕业后，明明经过激烈竞争如愿进入了一家外企人事部工作，成为了一个职场新人，与她同期的还有三个新员工。

领导决定要扩大公司规模，还在大量招聘新员工，所以人事部的工作非常繁忙，人事部主管只是告诉他们："希望公司可以给你们提供一个良好的环境和发展平台，也希望你们能够尽快地熟悉公司的业务。"

同事们也都埋头于自己的工作，而没有人给明明和其他三个新来的员工布置工作。

无奈之下，几个新人只能在公司里面做一些琐碎的事情，比如为客户端茶倒水等。有的干脆拿起公司简介，利用上班时间一遍遍地熟悉公司情况。

明明却有自己的规划，她到公司的第二天，就尝试着到一些老员工那里去请教工作上的事务，看着满桌子都堆满了应聘者的资料，她在征求老员工的同意后，开始做起了整理资料的工作，她把应聘资料按照应聘部门、职位等相关

主题分门别类地分成了若干份，还将一些不符合应聘要求的简历挑出来，放到另一个地方。

有个新人走过来劝明明："我们还是先熟悉一下公司的情况吧，现在我们也没有被分配工作，你的努力别人也看不到，不是白费时间吗？"

明明笑笑说："我就是闲不住，尽力而为吧。"

就这样，明明每天都在帮别人做些力所能及的工作，而其他的新人还是拿着那本公司简介一遍遍地看着。

几天后，明明成了办公室里的"主力"。除了整理资料外，人事部主管还教会了明明一些工作的内容和技巧，明明也开始处理相关事务了。

如此一来，明明很快进入了工作状态，而且工作效率非常高，热情很高，甚至不亚于一些老员工。她的这些努力，公司前辈们都看在眼里。

在结束了应聘筛选工作后，明明被提拔为主管，与一些老员工一起做起了面试的主考官。而其他同明明一起进入公司的新人也有了各自的工作，还是和之前一样，做一些可有可无的基础性工作。

一个能够在众人中脱颖而出，一定具备某种高尚的品质和超人的本领。

人要懂得付出，也要懂得回报。舍得付出，至少可以得到自己应得到的，懂得回报，至少能够尽心地去付出。即使只是一味地付出，还没有什么回报，但未来也许会有意外收获。

1. 乐于付出努力

想要得到回报、实现梦想就需要锲而不舍地付出努力。实现梦想往往是一个艰苦的、循序渐进的过程，而不是一蹴而就的。那些成就卓越的人，几乎都在追求梦想的过程中表现出一种顽强的毅力以及创新的思维，没有自己的付出，何谈收获？

2. 坚持不懈的努力

没有梦想的人连成功的机会都没有，而不懂得努力和坚持的人更无法到达梦想的彼岸。梦想是深藏在人们内心深处的渴望，是激励人们向上的动力，梦想能够激发人的潜力，让生命因此而闪光。梦想不是理性的计算，梦想是一种情绪状态，这种情绪状态是以热情的方式展现的。这种力量让人们创造一个又一个奇迹。

3．乐于帮助别人

一个人的成功还在于帮助他人成功。能够帮助他人成功的人，才是成功者中的佼佼者。在别人需要的时候，多多鼓励他，激发他对生活的热情，让他重获信心。在别人需要帮助的时候，及时给予他们帮助。

在帮助别人的过程中，你也能获得幸福感。不求回报地和他人分享你的一切。你最宝贵的财富就是那些可以和他人一起分享的东西。你给予越多，未来的回报就越大。

智慧锦囊 •─★─•─★─•─★─•─★─•─★─•─★─•─★─•─★─•─★─•─★─•─★─◇

付出是一生的基石，学着去付出吧。当女孩学会了付出，那么就会在未来看到生活给我们的惊喜，付出并快乐着。生命因为付出而精彩，生命因为付出而充实！

梦想，让你的人生充满希望

纪伯伦曾经这样说："愿望是半个生命，淡漠是半个死亡。美好的梦想使心灵充实，使生活多姿多彩……"

女孩的美丽，不仅来源于外在的超凡脱俗，还应该拥有梦想，用梦想照亮自己前行的方向。

作为女孩，可能你还没有邂逅奇妙的爱情，但必须怀抱美好的梦想；可能你还不适合工作，但必须有自己的人生规划；可能你还没调整好自己的状态，

但必须坚守自己心中的梦想。因为梦想是最奇妙的东西，它比彩虹更美丽，比大海更深沉，比天空更广阔。有了梦想，你就拥有了前进的动力，对未来充满希望，你就会勇敢追梦，就会激发自己的潜能，让自己的人生过得更有意义。梦想是人生旅行的航向标，当浮华褪去，只有梦想能引领方向。

一个没有方向、没有梦想的人就像狂风暴雨中盲目航行的船，永远只能随波逐流、漂流不定，得到的只能是失望，永远到达不了成功的彼岸。

其实，每个心怀梦想的女孩眼中都会有奕奕的神采，一颗赤子之心，一份憧憬与渴望，然后去创造属于自己的辉煌。

香奈尔创始人布里埃尔·香奈儿，就是在追寻高贵与美丽的旅途中，怀揣着梦想然后创造了一个时尚帝国。

香奈儿的童年很悲惨，长大后姣好的容貌算是命运对她的眷顾。为了维持生计，她尝试过许多种工作，还有一小段歌唱生涯。这使她在赢得掌声的同时也得到了纨绔子弟与艺术界名流的垂青，从而跻身上流社会。

如果不是清楚自己的方向，如果不是心中早已有了自己的梦想追求，她也许早已经开始一段不同的平凡一生。但她是布里埃尔·香奈儿。她有着对时尚的敏锐的洞察力，对女人的心理有着透彻的了解，她想要开创一个属于女性的时尚时代。

她对于时尚的梦想就是挑战传统，解放女人，重塑上流社会的新时尚。她将这样的梦想贯穿于每个作品的设计理念之中。

她将堆砌繁复羽毛、蕾丝的女帽改造成简洁的女帽，成为了当时的时尚潮流，终结巨大女帽的年代；她打破当年黑衣服只能当丧服的规定，设计出一直风靡到现代的黑色小洋装，这来源于她对黑色有一种宗教式的虔诚，她认为黑色其实蕴含着更为永恒的诱惑；她根据水手的喇叭裤，设计出女子宽松裤，后来又设计出休闲味道很浓的、肥大的海滨宽松裤……

她曾说"要把妇女从头到脚摆脱矫饰"，她实现了这个梦想。

时至今日，欧美上流女性中依然流传着那句名言："当你找不到合适的服装时，就穿香奈儿套装。"

一个多世纪以来，人们仍把香奈儿奉为神明，她的理念贯穿在每一件时装中，似乎在炫耀着女人的高贵和时尚品味的追求。

在梦想支撑下的布里埃尔·香奈儿成为了女性自主的最佳典范，她依靠自己的力量，造就了自己精彩的一生。

梦想是一种挥之不去的感觉、挥之不去的潜意识，是深藏在人们心灵深处的对未来的渴望。它像一粒种子，播撒在心灵的沃土，虽然可能还未破土而出，但相信在自己的努力下必定能够生根发芽，硕果累累。简单平淡的生活中，也有闪亮的梦想。坚持自己的梦想，必定能够让生活发出精彩的光芒。

1. 女孩要有梦想，人生因梦想而精彩

任何女孩都有坚持自己梦想的权利，也有为自己梦想去努力的自由。不要到了白发苍苍，才悔恨自己当初放弃自己的梦想。女孩应该有自己的梦想，不要把它们藏进角落，不接受阳光，有梦想就应该去追求，让自己不再碌碌无为

2. 因为梦想，让女孩心中充满希望

只有拥有梦想的女孩，才会不畏险阻，勇往直前，因为有一个不屈的信念在支撑她们。因为梦想的存在，心中也就充满了希望。人的一生可以因为一个梦想而改变，因为有梦想的支撑才能走到成功的彼岸。拥有梦想，成就自我。

3. 因为梦想，让女孩光彩照人

一个有梦想的女孩，她不会终日沉陷名与利、舍与得的争夺中，她们有着自己的追求，有向上的力量。她们时刻只为寻求更加优秀的自己，不断充实自己，充实自己的生活。她们的目光不再仅局限与眼下的得失，而是有长远的目光，不会受到任何拘束，每天都是快乐的。

有梦想的女孩是美丽的。这种"美丽"也许并不代表着青春，更不代表着没有皱纹，但却是一种美丽。这种美丽首先是一种美好的心情、善解人意的宽

容和充满希望的自信，然后才是文雅有礼的举止、美观得体的衣着和宜人心神的妆容。

智慧锦囊

　　拥有自己的梦想就像给原本平静的生活注入激情的元素，让女孩对生活拥有热情、方向感和安定感。梦想并不一定要多么的伟大，一个小小的梦想就能改变女孩的全部生活。在追梦的过程中，也许要经过无数次的尝试，只要女孩能够坚持不懈，不断付出，成功终将到来。每个人都需要变梦想为现实的力量，不要让梦想只是一个幻想！

第10章
不做娇弱的花朵，
不畏泥泞大胆前行

强者与弱者的区别与性别无关，女孩抗压和抗挫折的能力并不比男孩差，女孩虽然身躯单薄，但是不应该被贴上弱者的标签，更不应该以弱者自怜。只要你不畏艰险，勇往直前，一样能到达成功的彼岸。

今天无畏风雨，明天拥抱朝阳

在人生的道路上，每个人都渴望成功，然而，通往成功的道路却充满坎坷。正如这个世界上没有绝对的完美一样，这个世界上同样没有绝对的一帆风顺的人生。人生，就像一张曲线图，有波峰有波谷。当在波峰的时候，我们居高临下，欣赏着人生的无限美景；当在波谷的时候，我们面对着人生的困境，是沉沦还是抗争呢？其实，人生的魅力也正在于此。假如人生时时刻刻都是坦途，那么就无所谓坦途；假如人生每分每秒都是幸福，那么就无所谓幸福。苦和甜，哭和笑总是相对的，只有苦难，才能衬托出平淡生活的幸福与甜蜜。那么，面对苦难，我们就只能选择迎难而上。

诗人歌德在他的诗中说："长久地迟疑不决的人，常常找不到最好的答案。"因此，面对困难，我们不能让犹豫不定束缚住手脚，要鼓足勇气迎难而上，让人生的航船冲破暴风雨，拥抱天边的彩虹。

海洋从来不会风平浪静，所有的船舶只要到大海上航行，就要承受暴风雨的洗礼，接受狂风暴雨的挑战。我们的人生，就像大海里的船舶。只要想要向前航行，就会遭遇风险。苦难是每个人成长的阶梯，不要惧怕生活给我们的考验，因为是它在为你书写人生；不要恐惧厄运的降临，因为它是我们成长的助力。逆境是对女孩的磨炼，也是一个女孩成长必经的过程。而这时，勇往直前的女孩便显现出了强大的生命力，丽丽就是这样的一个女孩。

丽丽现在是一名成功人士，她也曾有过坎坷，也曾经历过失败的磨难。她曾经是一名下岗工人，为了维持生计，她摆过地摊。经过多年的不懈努力，如今她经营的商贸有限公司已有九家连锁店，资产上千万元，年纳税近百万元。

十年前，丽丽下岗了，下岗意味着失业，可她当时还年轻，家里还有老人和孩子，没有了工作，连基本的温饱都无法维持。她在家里反复思考，是一蹶不振，还是从头再来？一蹶不振就是只能等死，做一些新的尝试也许还会有新希望。于是，她批发了一些日用品，在市中心摆起了地摊。尽管投入少，两个月下来，她还是赚了一笔钱。于是，她有了开店的想法，但是资金明显不足。为了筹集足够的资金，她和丈夫多方寻求帮助，说了多少好话，甚至还通过利息借款。功夫不负有心人，他们终于筹集够了7万元资金。她激励自己说：只许成功不许失败。就这样，这家贸易公司诞生了。

丽丽的创业之路也并不是一帆风顺的。从进货到销货，从收钱到清收，上上下下，里里外外，全是她全权负责。由于没有专业的知识和经验，刚开始店还亏损了。但她并没有就此放弃，而是一次又一次勇敢地迎接着命运的考验。正所谓一分辛劳一分收获。通过几年的摸爬滚打，她终于把债务还清，并且小有积蓄。与此同时，她也下决心要把企业做大做强，让那些当初和她一样下岗的姐妹重新走上工作岗位。走向连锁是贸易公司发展中的第一个转折。后来，第一家连锁店开业。为了将来连锁店能顺利发展，她建立了自己的货物配送中心。然而，正当她的事业红火时，一场官司不期降临。虽然在官司中她损失惨重，甚至萌生退意，可是不服输的个性最终让她没有放弃，而是总结经验，告诉自己办事情千万不可麻痹大意。其后，她不断反思，终于带领企业持续发展，迎来了美好的今天！

多年来，丽丽从摆地摊开始，没有因为艰辛劳累而退缩，也没有因现实的胁迫而让路，更没有因困难而中途倒下。尽管她饱尝失败的滋味，但她用自身经历让我们学会了何谓勇往直前。女人不是弱者，只要我们挺起胸膛，不畏艰险，就一定能够掌握自己的命运，成为生活的强者！

成功与失败之间的距离，并没有想象中那么远，它们之间的差别只在是否学会了坚持。在未来社会，无论你遇到什么，你都要克服重重困难，坚持到最后。

1. 将困难当作一种经历

当我们面对问题的时候，多给自己一些勇气，让自己变得积极起来，告诉自己这是一次宝贵的经历，即使最终并不能解决问题，但是直面问题的过程本身就是一种让人走向成熟的磨砺。我们的心智也会在这个过程中得到锻炼。只有在困难和挫折迎面而来的时候，毫无惧色地坦然面对，我们才能接近梦想、获得成功。

困难只是一种经历，也是我们宝贵的财富。但面对困难的时候，要鼓励自己多一些勇气，让自己积极起来，远离那些负面情绪。

2. 战胜畏惧的心理

任何成功都是战胜困难而取得的，没有不经历挫折，不付出努力就直接取得的成功。畏惧困难对解决困难并没有实际性的帮助，这只会让你成为他人眼中的"胆小鬼"。

与其让困难束缚住自己，不如主动接受困难的挑战，不管前面是何种状况，都应该义无反顾地往前走，创造属于自己的精彩。因为胜利往往属于敢向困难挑战的强者，他们在与困难的斗争中认识了生活的意义与生命的价值，领略到胜利的喜悦。

3. 相信自己的力量

自信是力量的源泉，能激发一个人的潜藏能量。遇到困难的时候，不要光想着逃避，要相信自己有能力战胜困难。困难是弹簧，你弱它就强，有了强大的自信支持，任何困难在自信面前也都不堪一击了。

拥有了自信，才能迎难而上，为了成功而不断努力。随着一个个困难被克服，你的信心会更加坚定，离实现最终的梦想也就不远了。

任何事情都不可能是一蹴而就的，想要取得成功是一个漫长的追求过程，也许有时候我们在追梦的路上，总是会遇到一些挫折，也许我们一时看不到黎明的曙光，但是我们仍然需要坚定地向自己的目标迈进。只有坚持，我们才能达到成功的彼岸！

智慧锦囊 ·······★·······★·······★·······★·······★·······★·······★·······

不论任何时候，当我们遇到困难，都不要后退，应该迎难而上，不要因为一次的失败而让自己陷入黑暗的深渊。人生路并不是一帆风顺的，它充满坎坷，所以我们不要将过多的关注点放在那些困难上，因为它是曲折的，常令我们深受其害。若想走好这条路，就要拥有一个迎难而上、不畏艰险的信念，克服重重困难，创造属于自己的精彩。

女孩的示弱比逞强更有力量

人与人交往时，很多人喜欢争锋、示强。其实，这种所谓的强大，也并一定是真的强大。张爱玲说过："善于低头的女孩是厉害的女人……越是强悍的女孩，示弱的威力越大。""毫不示弱"可能让你的某些缺点无所遁形，即使获得一时的胜利，也很难取得长久的成功。

示弱是一种尊重他人的表现，只有懂得示弱的人才能真诚待人。做事不计前嫌，大事化小，小事化了。不因欲而祸其心，不因贪而祸其生。以德服人，以弱胜强。

东汉末年，刘备的实力较弱，他迫切需要可以壮大国力的人才，所以他四处寻求德才兼备之士，将领之范的贤能者，后来终于听到大隐士诸葛亮的才能。

刘备立刻来到诸葛亮的住址恳求他能下山与之共进退，但是诸葛亮却不为

之动心，而且拒绝见他，刘备的下属十分生气："这厮不懂规矩，见了大王不仅不出来相迎，还拒之门外，是何道理？"

刘备听后并没有生气，而是说道："凡是大贤者，都不能拿自己的名气去欺压有才之士的，如果自己以势夺人，必不得其心，就算得人也不能为己效命啊！"

他的下属很费解，觉得自己的大王亲自前来，还要示弱于诸葛亮，这就是一种软弱，一种受辱，他很是气不过。但是刘备并不吭声，作为下属又怎能有怨言呢，只好坐一边生闷气了。

刘备没有对此作出任何解释，还是一副乐呵呵的姿态上门求贤，一次不成两次，两次不成三次。就在刘备第三次放下架子，示弱于诸葛亮的时候，诸葛亮终于被他这一份诚心打动了，打开了自己的陋室请君入室。

刘备看到诸葛亮背对着自己不作一声，并没有生气，而是对他大加夸赞，并且道出了自己来求贤的真心与诚意。诸葛亮在谈话中给他难堪，但是刘备都不生气，他说："我本不如你，故来此请你，希望您能助我一臂之力，打得这一片江山！"

诸葛亮通过与刘备的对话发现刘备的才能与贤德，觉得他有将王之风范，因此答应出山助他一臂之力。

"示弱"可以让女孩更受欢迎。众所周知，人与人相处，愉悦是第一要素。你可以无法为人提供帮助，也可以不对别人事业的发展承担什么义务，但你不能不让人产生愉悦感。如果与人相处的过程中，总是让别人伤心，心情压抑，那么谁还愿意与你交往呢？

示弱有时是一种胸怀，也是一种美德。大海之所以伟大，是因为有宽广的胸襟，有过人的胆量，它站在最低处，从不张扬，所以能纳百川。

1. 学会让步，让自己更轻松

强大的人格是需要付出很多的精力来塑成的，女孩尤其如此。而每个人的时间都是有限的，女性在展现自己强大的同时，不要丢失了某些美好。

一个不会示弱的女孩，总是想要与人争个高低，展示自己的强大，忘却了欣赏沿途的风景。但是，每一步的前进本身都是一幅美丽的画卷，让自己情绪低落。学会让步，让你更轻松，与幸福相伴。

2. 学会示弱，给自己也给别人更多机会

示弱不是屈服，而是给了别人表现的机会，实际上是让自己拥有更大的"舞台"，更多的"观众"。鸿门宴上，刘邦主动示弱，向项羽谢罪，解释自己先入关中也是意料外的事情，并非想跟项羽争夺帝位，让项羽消去了对他的戒心，刘邦这才能活着走出鸿门宴，建立大汉王朝。如果刘邦争这一时的风头，想必历史会被改写，刘氏王朝也会变成项氏王朝。

心有多大，舞台就有多大，无法接纳别人，就无法在社会中更好地发展。学着让步，学着示弱，你将收获许多意外的惊喜。孔子说，人成年后"戒之在斗"，"斗"即争强好胜，以力服人，这不是一个成年人应该去做的。社会虽竞争激烈，但越是进步，越能感到人与人之间协作的必要性，要学会让步，与他人和谐相处。

3. 让女孩学会示弱

女孩应该学会示弱。示弱，并不是真的弱不禁风、哭哭啼啼、没有主见，而是在遇到争执和误会的时候有理也让三分，不让局面陷入更加不好的境况。有的人总是提倡张扬个性，展现独特自我，这原本是积极的、向上的，但在许多场合，过度注重表达自己，讲究个性，有时会适得其反。

智慧锦囊 ★ ★ ★ ★ ★ ★

向人示威，每个人都会；而学会在恰当的时机向别人示弱的人却是少数。这种示弱并不是弱者的表现，而是一种豁达、宽容的最好诠释。示弱是一种处事的哲学，这还需要一点点勇气的相助。因此，为了更好地工作和生活，少点

矛盾，女孩应该要学会调整好心态，充分利用"示弱"。

女孩有温柔的力量

一个女孩温柔又体贴，不仅是性格的表现，而且是美好心灵的反映。一个女孩只有心地宽广，才能有温容，才会用柔声。一个女孩具有这样的品格才能不断取得成功，创造属于自己的精彩。

小荷有一个悲惨的童年，她刚出生的时候母亲就过世了，从小就只有父亲陪伴。她的父亲还总是出差，没有时间照顾她。因此，小荷自从母亲过世以后，就必须自己洗衣做饭，照顾自己。

然而，在她17岁那一年厄运再一次降临了，她的父亲在工作中不幸因车祸丧生。从此小荷再也没有父亲的陪伴了。

可是，噩梦还没有结束，在小荷好不容易走出悲伤、开始独立赚钱养活自己的时候，她却在一次工程事故中，永远地失去了左腿。

然而，一连串意外与不幸反而让小荷养成了坚强的性格。她独立面对随之而来的不便，也学会了拐杖的使用，即使自己跌倒，她也不愿伸手请求人们帮忙，她开始学会坚强。

最后，她将所有的积蓄算了算，正好足够开一个养殖场。

但上帝似乎真的存心与她过不去，一场突如其来的大水，将她的最后一丝希望都夺走了！

小荷终于忍无可忍，她气愤地来到神殿前，怒气冲冲地责问上帝："你为什么对我这么不公平？！"

上帝听到责骂，现身后满脸平静地反问："有什么不公平的呢？"

小荷将自己不幸的经历讲给上帝听。

上帝听完了她的遭遇后，又问："原来是这样啊！的确很凄惨，那么，支持你活下去的动力是什么呢？"

小荷听到上帝这么嘲讽她，气得颤抖地说："我不会死的！我经历了这么多不幸的事，已经没有什么能让我感到害怕的事了。总有一天我会靠着自己的力量，收获自己幸福的一生！"

上帝这时转身朝向另一个方向，"你看！"他对小荷说，"这个人生前比你幸运许多，可以说是一帆风顺地走到生命的终点。不过，他最后一次的遭遇却和你一样，在那场洪水中，失去了自己的全部财富。不同的是，他选择了自杀，而你还坚强地活着。"

其实，很多女孩将自己的脆弱当作温柔。其实，它们是不同的。女孩之所以脆弱，主要是经历得太少，就像在温室里的花朵，突然遇到暴风骤雨一样。当女孩的阅历越来越多，就能慢慢变得处变不惊，最快地找回自己的状态。那时无论命运给你多么沉重的打击，你都能妥善应对。

1. 胸怀大志，志存高远

女孩如果一味顾影自怜，一旦遇到挫折，必定情绪低落。而胸怀大志者就没有这种困扰，她们不会被挫折击垮。在逆境中，学会坚持，不轻易放弃，也能纾解自己的不良情绪。正如高尔基所说："哪怕是对自己的一点小小的克制，也会使人变得强而有力。"

2. 正确地看待事物

对事物认识越正确、越深刻，自制能力就越强。比如，有的人遇到不顺心的事，就会情绪波动很大，大发脾气，或者任意谩骂；而有的人却能冷静对待，冷静思考，以理服人。古希腊数学家毕达哥拉斯说："愤怒以愚蠢开始，以后悔告终。"所以对自己的感情和言行失去控制，最根本的就是对自己这种行为的危害没有清楚的认识，从而造成不良影响。

3. 微笑地面对生活

每个人都希望自己的生活充满快乐，但现实生活中并不是每个人都会快乐。遇到困难的时候，每个人都有不同的选择。有的人选择逃避现实，内心苦闷；有的人选择微笑地面对，收获精彩人生。女孩要学会微笑地面对生活，当一切顺利的时候，微笑着体味生活的美好，看到蕴含的希望；当遇到挫折的时候，微笑面对现实，找到自信心，迎难而上。

智慧锦囊 ★━━━☆━━━★━━━☆━━━★━━━☆━━━★━━━☆━━━★

人的一生总会经历各种磨难，不软弱，就需要我们不逃避，坚强地面对困难。在困难面前，女孩们应该学会改变自己的态度，把这些当作提升自己的阶梯，当作生活给我们的考验，通过不断学习，不断成长，获得改变自己的命运的力量。

无须怯懦，做有主见的女孩

现实的生活中，有很多漂亮的女孩，但是有的女孩没有主见也就失了几分魅力。智库女学者王莉丽说："女人，有思想才有气场。"这里面所谓的思想就是主见。一个没有主见的女孩，就像受他人支配的"提线木偶"，别人说什么是什么，都没有自己的想法。漂亮固然是女孩的资本，但是倘若一个女孩失去了最重要的思想，那么还有什么魅力可言，别人能欣赏你的什么呢？而有主见的女孩，即使没有漂亮的外表，但是有更加闪光的智慧和内涵、气质和修养，这样的女孩依然能获得别人的赞赏。

李开复说："在今天这个瞬息万变的时代里，人们对人才的定义已经发生了很大的变化，因为，在现代化的企业中，有更多的人享有决策的权利，有更多的人必须在思考中不断创新，也有更多的人有足够的空间来决定要做什么、要怎么做……大多数人的工作不再是机械式的重复劳动，而是需要独立思考、自主决策的复杂劳动。所以，今天大多数优秀的企业对人才的期望是：积极主动、充满热情、灵活自信。"

没有主见的人生是单调的，没有自己的立场，没有自己的方向，总是被别人所左右，这样的人生注定是与精彩无缘的。

蜚声世界影坛的意大利著名电影明星索菲亚·罗兰能够成为著名的影星，与她的有主见是分不开的。

在《卡桑德拉大桥》《昨天、今天和明天》等影片中，索菲亚·罗兰以其独特的个人魅力给观众留下了深刻的印象。她的长鼻子、大眼睛、性感的嘴唇、丰满的胸部和臀部都是美丽的标志。可是，谁也不曾想过，索菲亚·罗兰在初试镜的时候，差点儿因为她的长鼻子和丰腴的臀部而被淘汰。摄影师们都嫌她的鼻子太长、臀部太发达，建议她动手术缩短鼻子、削减臀部，可是索菲亚·罗兰毅然决然地拒绝了。

索菲亚·罗兰在她的自述中详细地记叙了当时的情景：

有一天，他（卡洛）叫我上他的办公室去。我们刚刚进行了第三次或第四次试镜，我记不清了：他以试探性的口吻对我说："我刚才同摄影师开了个会，他们说的结果全一样，噢，那是关于你的鼻子的。"

"我的鼻子怎么啦？"尽管我知道将发生什么事，但我还是问道。

"嗯……，如果你要在电影界做一番事业，你也许该考虑作一些变动。"

"你的意思是要动动我的鼻子？"

"对，还有，也许你得把臀部削减一点。你看，我只是提出所有摄影师们的意见。这鼻子不会有多大问题，只要缩短一点，摄影师就能够拍它了，你明白吗？"

我当然懂得我的外形跟已经成名的那些女演员颇有不同，她们都相貌出众，五官端正，而我却不是这样。我的脸毛病太多，但这些毛病加在一起反而

会更有魅力呢。如果我的鼻子上有一个肿块，我会毫不犹豫地把它除掉。但是，说我的鼻子太长，不，那是毫无道理的，因为我知道，鼻子是脸的主要部分，它使脸具有特点。我喜欢我的鼻子和脸的本来的样子。"说实在的，"我对卡洛说："我的脸确实与众不同，但是我为什么要长得跟别人一样呢？"

"我懂，"卡洛说，"我也希望保持你的本来面目，但是那些摄影师……"

"我要保持我的本色，我什么也不愿改变。"

"好吧，我们再看看。"卡洛说，他表示抱歉，不该提出这个问题。

"至于我的臀部。"我说，"无可否认，我的臀部确实有点过于发达，但那是我的一部分，是我所以成为我的一部分，那是我的特色。我愿意保持我的本来面目。"

正是这次谈话，使导演卡洛·庞蒂开始了解索菲亚·罗兰，他看到了她身上的可贵优点，开始欣赏她。后来，卡洛·庞蒂成了罗兰的丈夫。由于罗兰没有被他人的意见所左右，没有失去自己的特点，她才在电影中展现出了独特的美。而且，她的独特外貌和热情、开朗、奔放的气质也开始被大众所认可，被人们称为"从贫民窟飞出来的天鹅"。

索菲亚·罗兰在面对自己热爱的电影事业时，并没有盲目地听从导演的意见，她坚持自己的特点，不愿改变自己的外貌，即使冒着被导演辞掉的风险，她依然坚持自我，没有盲从。最终她靠自己的个人魅力得到了导演的认可，也得到了观众的赞赏。她在电影方面的成就是最好的证明。

"横看成岭侧成峰，远近高低各不同。"凡事很难有绝对的定论，无论谁的"意见"都可以拿来作为参考，但永不可让别人主导自己，不要因为他人的观点阻碍自己前进的步伐。追随你的热情、你的心灵，它们将助你走向成功。

1. 培养自己解决问题的能力

女孩在遇到困难的时候，不要被困难打倒，应该学会自己寻求解决问题的最佳方案，而不是总想借助他人的帮助。当然，遇到实在无法解决的问题，也可以向老师或者长辈求助。

2. 培养自己的独立性

女孩要树立独立的人格，培养自主的行为习惯。女孩应该用坚强的意志来约束自己，不活在父母或老师的阴影下，全面地了解自己的优缺点，不断提升自我，做一件事情的时候全面思考事情的利益得失，可以借鉴之前处理事情的经验，妥善处理问题。

3. 循序渐进，不急于求成

独立自主性的培养是一个长期的过程，要不急不躁，在循序渐进中让自己获得提高和锻炼。切不可急于求成，在点滴生活中不断成长。

智慧锦囊

有主见，不随波逐流，不固执己见，只有如此，才是有内涵、有魅力的女孩。试着做一个有主见的人吧！不被别人的思想所左右，不沉浸在纸醉金迷的生活里无法自拔，清楚自己未来的方向，规划好自己的人生，为生活中的空白填上美丽的色彩，向自己设定的目标勇敢进发。

女孩有勇气相伴，收获更加精彩的人生

人们常说：机遇是给有准备的人的，但任何准备都是有前提的。抱怨没有机会的人，多半是没有勇气的人。如果一个人在遇到困难的时候连奋起直上的勇气都没有，那么成功的机遇也就不会到来。勇气的内涵是一种信念、一种执着。尤其是在竞争激烈的社会中，只有那些充满勇气的参与者，才有可能获得

通往成功的机遇。

美国心理学家斯科特·派克说：不恐惧不等于有勇气；勇气是你尽管害怕，尽管痛苦，但你还是继续向前走。在这个世界上，只要你坚持不懈地努力，就会发现许多门都是虚掩的！微小的勇气，也能打开成功的大门。

有时候，成功只是需要一只手的勇气。

有一个叫玲珑的小女孩，她的梦想是做一个演说家，可是当别人将机会放在她面前，她却胆怯了，她开始怀疑自己的能力，没有信心和勇气，每次都是还没开始就结束了。

一次，老师又让她上台演讲，由于害怕，她还是在台下磨磨蹭蹭。可是就在这时，他们班上一名说话结巴的男同学却坚定地走向了演讲台，声情并茂地开始了他的演讲。当时同学们都带着怀疑的眼神看着他，不知道这次的演讲将会是何种模样。但是，演讲台上的这名男同学，自信地站在那里，虽然他的演讲中还是会有不流畅的地方，但他铿锵有力的演讲，加上他丰富的感情，大家都对他投以热烈的掌声。

他演讲完后，老师说："他非常有勇气地战胜了自己，我们大家都应该向他学习，从他的演讲中，我们感受到了他的真情实感，我打算培养他，参加这次全省的演讲比赛。大家觉得应该没问题吧？"

这时候，玲珑在台下不服气了，她站起来说："我的演讲能力比他好，只不过你没同我们说这次有全省演讲比赛……老师我可以参加吗？"

老师看着她认真的样子便说："机会的到来从不会提前给你打招呼的！只要你真的比他好，我就给你机会和他竞争。"一听到竞争，玲珑不觉又开始害怕了，她心里想："还要竞争？虽然我读得比他流利，但如果我没有感情色彩，或者……那岂不是更丢脸……"于是，她找了个借口："我还是把机会让给他，下次……"

就在这时，班上一个调皮的男生看出了她的心思，于是就说了句："没有开刀的危险和打算开刀的勇气，哪来康复的希望和喜悦呢？"同学们都笑了，而只有玲珑的脸红了。

玲珑想要参加演讲比赛，绝对少不了勇气的参与。而在人生路上追求成功，绝不能缺少勇气。只有你勇敢地迈出第一步，坚定地向前，才有可能成功。如果连想和做的勇气都没有，成功是无论如何也不会光顾的。

勇气是一种敢于面对现实，不畏艰险，勇争上游，积极争取胜利的优秀品质。

勇气是一种战胜恐惧的有力武器，是克服害怕失败、害怕丢脸等心理最有力的武器。

勇气教会人在遇到挫折的时候，不畏艰险，不临阵逃脱，勇敢直面困难，接受一切挑战，战胜困难，赢得成功。只要勇敢地去行动、去尝试，总会有一些收获，要么收获成功，要么收获经验。

勇气也不是与生俱来的，勇气也是可以培养出来的。可以肯定的是，勇气是无法购买的，培养出真正的勇气就像你锻炼出强壮有力的手臂一样，需要你的不断学习，不断成长。你只要多多运用勇气，就可以在未来的日子里也有勇气相伴。

1. 排除恐惧

培养勇气的第一步，就是要克服对困难的恐惧感。正如古代罗马皇帝、哲学家马可·奥勒留所说的："我们的生活是什么样子，是由我们的想法来决定的。"

2. 相信自己

做任何事情都需要有信心，信心激发勇气，勇气激发潜力。没有信心的人必定是一事无成的，你都无法信任自己，更何况是别人呢。人的潜力是无限的。只要相信自己，学会付出努力，认真工作和生活，那么，终会等到成功的降临。一个人只有运用自己的能力，才能激发自身的无限潜力，紧抓身边的每

一个机遇，走向成功。

智慧锦囊 ★ ☆ ★ ☆ ★ ☆ ★ ☆ ★ ☆ ★ ☆ ★

　　不论你是何种身份，何种成就，只要你面对自己，面对生活，能够拿出勇气，不惧未来，你就是一个有勇气的人。不论是谁，在工作和生活中，有了"应知天地宽，何处无风云？应知山水远，到处有不平"的平和心态，你就有了战胜一切困难险阻的勇气。

第11章

塑造好形象：
用女孩的魅力赢取高人气

人际交往中，形象是十分重要的。你的形象是会说话的，你的衣着、谈吐等能从侧面反映出你的形象。它决定着别人对于你的评价。所以，要体会到形象的重要性，学会塑造好自己的形象，让对方先接受你的形象，再进而接受你的言论。好的形象，也能帮你赢得高人气，决定着你的魅力，也直接关系到沟通的成败。

让女孩的魅力闪光，做最好的自己

魅力一直在以多种完全不同的形态影响着我们的生活。它可以让性感的女孩变得可爱，时尚的女孩变得清新，不够妩媚的女孩变得温婉，不够睿智的女孩变得聪慧。

"如何做魅力的女孩""如何提升自己的魅力""提升自己的魅力有哪些诀窍"等话题一直都是广大女孩关注的焦点，市面上也随之出现了各式各样的魅力修炼教程。每个女孩对"如何提升自己的魅力""提升魅力要注意的细节"之类的问题都有不同的看法，那何为女孩的真正魅力呢？

有位女施主，家境富裕，却一直郁郁寡欢，连个谈心的人也没有。她特地请教无德禅师，如何才能具有魅力，赢得别人的喜欢。

无德禅师告诉她："你要随时随地和各种人合作，有佛一样的慈悲胸怀，讲些禅话，听些禅音，做些禅事，用些禅心，就能成为有魅力的人。"

女施主听后，问道："禅话怎么讲呢？"

无德禅师道："禅话，就是说欢喜的话，说真实的话，说谦虚的话，说利人的话。"

女施主又问道："禅音怎么听呢？"

无德禅师道："禅音就是化一切声音为微妙的声音，把辱骂的声音转为慈悲的声音，把毁谤的声音转为帮助的声音，哭声、闹声、粗声、细声，你都能不介意，那就是禅音了。"

女施主再问道："禅事怎么做呢？"

无德禅师道："禅事就是布施的事、慈善的事、服务的事、合乎佛法的事。"

女施主更进一步问道："禅心是什么心呢？"

无德禅师道："禅心就是你我一如的心、圣凡一致的心、包容一切的心、普利一切的心。"

女施主听后，一改从前的娇气，不再夸耀自己的财富，不再自恃美丽，对人谦恭有礼，对仆人尤能体恤关怀。不久，人们都称她为"最有魅力的女人"。

女孩的个人魅力是一种无形的资产，拥有个人魅力就能提高影响别人的能力，也能让我们的社交变得更加顺利。那么，到底什么是个人魅力呢？魅力是给他人的一种心理感受，这种感受是对外界刺激的心理反应，是自己的行为给对方心理上的美好反应，也就是满足人们的某种心理需要，这就是魅力之源。

每个人都希望自己是有魅力的，优秀的，那么该如何修炼自己的魅力呢？下面提供几点建议，希望对你有所帮助。

1. 突出自己的个性

魅力是建立在了解自己的基础之上的，只有了解自己，才能建立自己的风格，不总是活在别人的阴影下。一般人认为俊男美女是受命运之神眷顾的，他们从出生就有得天独厚的优势，但是却没有发现，这些俊男美女们却是人们最容易忘却的那类人，而那些有自己风格的人，却能给人留下深刻的印象。

这是一个讲究个性和人格魅力的时代，若你是一个平庸者，注定被历史的狂潮淹没。不论在生活还是工作中，都是如此，不要让自己输在表达个性的起跑线上。其实，想要突出自己的个性并不是难事，只需要你在恰当的时候让别人看到你的个性，发现你的闪光点，就能让大家印象深刻了。

2. 有格调

做有魅力的人，就要做一个有格调的人，不要在庸俗的生活里沉沦。不要让空虚占满自己的生活，整日沉浸在虚无中。想要变成一个有魅力的人，就要内心足够强大，有目标，懂得生活的人才真正有魅力。

这还不够，还要注意自己的内在，注意自己的言行举止。如果你只是一个惯于在公众场合举止优雅、得体，私下却粗俗不堪的人，那么这就是伪装，何谈魅力可言。

3. 发扬礼让精神

如何让别人觉得你有魅力呢？礼貌是不可或缺的因素，在这个高速发展的社会，人们整日忙着自己的工作、生活，有的人好像逐渐忘记了几千年的传统文明，忘了礼让精神。其实，这才是我们魅力的体现。如乘公交、地铁、巴士时，礼貌地将座位让给有需要的人，不要让这些小细节打败了自己努力维持的形象，让别人不喜欢你。

智慧锦囊 ●●●●●●●●★●●●●●●★●●●●●●★●●●●●●★●●●●●●★●●●●●●★●●●●●●★●●●●●●

想要成为众多有魅力的人中的一员吗？从现在开始，改掉自己的缺点，突出自己的个性，突出优点，做最好的自己，做一个有魅力的人。

拉近关系，做个有亲和力的女孩

一个女孩，无论多么漂亮，如果总是冷冰冰地拒人于千里之外，也是不受人欢迎的。亲和力是征服他人的一种有力的武器，它胜过一切美貌！具有亲和力的女孩，在与人交谈中总会以友善的口吻，脸上也总是挂着微笑，能让人在瞬间产生好感，将人与人之间的隔膜消于无形，拉近彼此之间的距离。

亲和力是征服他人的一种有效武器，能胜过一切外在的东西。

亲和力是与人交往成功的重要因素。一个有亲和力的女孩，在与人交往的过程中，总是以友善的口吻，微笑的表情，让人一瞬间就对她产生好感，人们也能感受到一种极具魅力的气质，不知不觉间拉近了彼此间的距离，即使是有矛盾的人，也能让尴尬的气氛消失于无形，让双方的交往都变得轻松、愉快起来。

想要在社交场合左右逢源，就要学会做一个有亲和力的女孩。让自己赢得好人缘，把亲和力发挥到极致。

刘太太是一家化妆品公司的老板，她最不能接受的事情，就是明明自己公司是做化妆品的，但是连自己公司的员工都不使用。对于刘太太的这一情况，下属们不仅很了解，也很配合。但是，新来的前台张小姐在一次用其他公司生产的化妆品时，没来得及收拾就被刘太太看见了。

张小姐也知道刘太太不喜欢自己公司的员工用别的公司的产品，吓得赶紧将化妆品收了起来。刘太太来到张小姐身边，微笑着说道："你在干吗？你不会是在公司里使用别的公司的产品吧？"她的口气十分轻松，脸上洋溢着微笑。就是这样轻松的话语，也让张小姐浑身汗毛直立，心里想着："这下肯定惨了。"但是，出乎张小姐意料的是，刘太太并没有发火，而是自己微笑着离开了。

第二天，刘太太就送给张小姐一套自己公司的化妆品，并对张小姐说："其实我们公司的产品也还挺好用的，你可以先试试，如果你觉得有什么不好的地方，可以及时地投诉给我，我们会及时改正的，希望你有个很好的体验。"

后来，公司所有的新老员工都有了公司给的福利，一套适合自己的化妆品和护肤品。刘太太亲自给大家讲解公司产品的特点。她还告诉员工，公司所有员工购买公司的产品可以有员工折扣。刘太太亲和的态度，友善的口语表达，使自己的员工都和她相处愉快，她在成功地灌输了她正确的经营理念的同时，

也拉近了和员工的距离，进而使传达者有效地把自己的思想传递给被传达者。

显然，刘太太就是一个了解亲和力重要性的人，她学会让自己有亲和力，赢得自己下属的好感，工作氛围更加愉悦了。有亲和力，让别人觉得她是可亲的，没有距离感，她那温柔的话语、友善的态度、微笑的面容，让她获得了更多的好感。若刘太太丢弃了亲和力，换一种做法，对别人颐指气使，拒人于千里之外，那么大家也必定对她敬而远之。

有亲和力的女孩，人缘特别好，会让自己有许多的朋友，即使是第一次与他人交往，也能获得对方的好感。有亲和力的女孩，或许不是完美无缺的，但亲和力足以让大家倾倒在她的魅力中，让人们忽略她的缺点。

亲和力，是一种不容忽视的力量，是赢得成功的无形资本。那么，如何提高自己的亲和力呢？

1. 大度宽容，善待他人

当女孩学会宽容待人，对方才会善待你。彼此之间多了份理解和体谅，这也就拉近了彼此间的距离。在人际交往中，宽恕别人的错误，设身处地地为对方着想，不要抓着别人的缺点不放，这些小小的细节，都能体现出女孩的修养。

在这个竞争激烈的社会中，我们总是要不断地与他人接触，无论是工作还是生活，这都是重要的组成部分。良好的人际沟通能力让成功不再遥远。一个具有良好亲和力的人能在工作和生活中赢得好人缘，也能收获更多的喜爱。

2. 看到他人的优点

总是关注别人的错误而吹毛求疵的女孩，一定没有好人缘。所以，女孩应该学会给对方一个自我的权利，学会尊重别人，看到对方的优点和长处，这样对方的形象也会变得光辉高大起来。每个人都有自己的想法，都值得尊重，总是按自己的标准要求别人，强迫别人做他们可能不愿意做的事情，这样无疑会让身边的人感到不轻松，想要摆脱这种状况，就要学会在别人面前展示亲和力。

3. 关注别人，注意细节

诚挚的发自内心的关爱犹如在温水锅下添了一把柴，让日常生活的点滴小细节也炽热起来。人际交往过程中，关注别人，体贴他人，平时多点嘘寒问暖，虽然可能只是几句简短的问候，但也会让别人感觉到你的善意。注意对方情绪的变化，并适当地谈论一些其感兴趣的话题，也能获得对方的好感。

想和做永远是两回事，亲和力不是靠想象就能得来的，而是在和别人交流的实践中学会的。在与他人的交流和实践中，不断强化自己，随时改正自己不对的地方，这是女孩增强人际亲和力的必修课。

智慧锦囊 ◆━◆━◆━◆━◆━◆━◆━◆━◆━◆━◆━◆━◆━◆━◆━◆

冷若冰霜的面孔只会把别人越推越远，虚情假意的伪装只能招致唾弃和骂名。亲和力才是女孩的人生资本，它给人的感觉不会是陌生的，而是亲近的、可信的，能让交往的双方变得愉快、轻松起来。

微笑，让你呈现最美的一面

微笑是世界上最美丽的语言，它传递着和平、友好、幸福的信号。虽然微笑只是一个简单的动作，但它的影响是巨大的，能产生无穷的魅力，能够感染身边的人。世界上最伟大的推销员乔·吉拉德曾说："当你微笑时，整个世界都在笑。一脸苦相没有人愿意理睬你。"

微笑是世间最有力的武器，它能消除彼此间的隔阂，增进人们之间的情谊，消除陌生人之间的距离。在生活中，女孩在与他人打交道的过程中，应该学着多多绽放笑容，不要整天愁眉苦脸，不仅自己难受，也将坏情绪传染给身边的人。没有哪个人不希望自己变得更加漂亮，但是漂亮的容貌仅仅是漂亮的

一种。与其用众多的化妆品来追求在容貌上的，不如多多装扮自己的内心世界，让笑容装扮自己的生活，让自己漂亮起来。

一张总是板着、生气、凶悍的面孔，即使再美丽也很难让别人喜欢，这只会在无形中拉开你与身边人的距离。回眸一笑百媚生。女孩的笑，真的可以倾国倾城。

在一架即将起飞的飞机上，一位先生因要服用药物，所以请求空姐为他倒一杯水，空姐有礼貌地答应了，让他稍等片刻，说待飞机进入平稳飞行状态后，会立刻把水给他送来。

一刻钟后，飞机已经进入平稳飞行状态。突然间，乘客服务铃急促地响起，空姐这才想起，自己忘了给那位要吃药的先生倒水，自己被一堆事情缠身而忘记了，再看按响服务铃的座位，恰恰就是那位先生。她连忙倒了一杯水，小心翼翼地送到那位先生跟前，面带微笑地说："先生，对不起，由于我个人的疏忽，耽误了您服药的时间，真的很抱歉。"

此时，那位先生已经有些愤怒了，大声说道："这是怎么回事？你是怎么服务的？"她试图平息这位先生的怒火，但对方明显不想放过她，一直揪着她的失误不放，就在机舱内一直批评她。

这位空姐感觉十分抱歉，为了弥补自己的过失，这位空姐每次去客舱为乘客服务时，都会特意走到那位先生面前，微笑着问他是否需要她的帮助。不过，那位先生仍旧十分生气，每次都是不愿意理她的样子。

飞机即将到达目的地的时候，那位先生终于说话了，他要求空姐拿来留言簿，看样子他是要投诉这名空姐。飞机安全着陆后，乘客们都陆陆续续地离开了。空姐心里紧张极了，害怕自己的行为得到顾客的投诉，那事情就严重了。她忐忑不安地打开留言簿，没想到上面写的竟不是投诉，而是这样一段话：

"你的真诚，你的12次微笑，深深地打动了我，也让我感受到你的歉意。所以，我决定把投诉信改成表扬信。你的服务态度很好，希望下次再坐飞机的话，还能享受你周到的服务。旅程愉快！"

看到这几行字，空姐激动不已，眼泪在眼圈里不停地打转。

微笑是最好的面部表情，虽然动作简单，但却是最具感染力的语言。微笑中蕴含着很多的信息，关爱的笑，可以帮助别人驱散内心的孤寂；温暖的笑，能驱散别人内心的寒冷；友善的笑，能驱散彼此心间的距离；信任的笑，能让他人感受到你的真诚。微笑如绵绵细雨，滋润干涸的心田。

既然微笑的作用如此大，在与人交往的过程中，女孩应学会微笑，若在配上得体的举止，必定会收到"此时无声胜有声"的效果。虽然微笑只是简单的动作，但其中也有很深的奥妙。如果稍不注意，可能会适得其反。因而，女孩需要掌握微笑的礼仪。

1. 真诚的微笑，打动别人

真诚的笑容是最美丽的，也是最容易打动别人的。当你被愉快、感激和幸福包围着时，就应该把你那自然的笑容传递给对方，将自己内心的感情通过微笑表达出来；而当心中有温和、体贴、慈爱等感情时，也不要忘记将那种诚心诚意的感觉流露出来。这样的微笑和这样美好的心境能让你的社交更加顺利。

2. 把握微笑的时机

微笑并不是时时都合适的，若微笑时机不恰当，也会让人不舒服。所以，要注意把握好微笑的时机，让微笑产生积极的影响。当与他人目光接触的瞬间就要报以微笑，向对方传达自己的友好之情，如果此时没有微笑，或过后微笑，都会给人带来心理困惑，让人感觉莫名其妙。

3. 把握微笑时间的长短和表情

微笑的时间也是我们应该注意的一个因素。微笑的时间应把握在3秒钟内，若维持微笑时间过长，会让人觉得你是在假笑的感觉，给人不礼貌的感受；若维持微笑的时间过短，则给人皮笑肉不笑的感觉。

微笑的表情也是有讲究的。不同的场合配合不同的微笑，不同的微笑代表

着不同的态度与感情色彩，给人们不同的感受。如在与人交谈时，放声大笑或者傻笑，都是不合时宜的。工作和生活中，女孩应该学会把握好微笑的时间和表情，体现出自己的良好修养。

智慧锦囊 ★━━━★━━━★━━━★━━━★━━━★━━━★━━━★━━━★

微笑是你独特的魅力，让你愈加美丽。总是微笑的女孩，或许不够漂亮，却是一道独特的风景线。"回眸一笑百媚生"，将女孩的笑发挥得淋漓尽致，给女孩也平添了一种独特的朦胧美。微笑的女孩是可爱的，她们的微笑犹如细雨滋润心田，沁人心脾，感染身边的每一个人。当你成为了经常微笑的女孩，那你就是最美的。

切记点滴积累，感情投资很重要

说到投资，似乎总是与金钱有牵扯不断的联系。但是，"感情投资"却略有不同，这里面没有钱的参与，要投入的是更加珍贵的"感情"。感情是需要经营的，没有付出就不可能有回报，即便别人现在给予你帮助，也不可能是长久的。如果对方见你久久没有表示，最后也会渐渐对你失去耐心。所以女孩们在平时与人交往中一定要注重感情投资，不断地增加彼此之间的感情，积累彼此之间的信任，只有这样，你们之间才能够保持一种亲密互惠的关系。心理学家马斯洛曾说过："爱是人类的本能，我们需要爱就像我们需要碘和维生素C。"而感情投资正好满足了人们对这一人性的需求。所以先贤们说："感人心者，莫先乎情。"现在的人说："情义无价，仁者无敌。"

感情投资往往会有意想不到的收获，若在别人危难之时，伸出援手，那么也会收获与他的深厚情谊。当然，感情投资也可能给你带来意想不到的伤害，这主要是指善意的人。因为恶意的人，他的投资只是虚情假意，连点真心都没有，只是流于表面的敷衍，所以一般不会受到伤害。当然，感情投资还是收获多于伤害的。

杰瑞是欧洲一家家族企业的部门经理，曾经风光无限，前途光明，可是由于一次失误，导致家族利益受损，因此遭到了父亲的雪藏，他手中的权力被剥夺了，他的地位被自己的亲弟弟取代了。事实上，杰瑞原来很有希望成为公司未来实际的掌门人，可是一次错误毁了一切，所有人都对他失去了信任，一些老部下也开始转投弟弟门下。

而在他落魄的时候，原来公关部的米莉始终一如既往地支持他，因为在米莉看来，对方虽然暂时在家族的争权夺利中败下阵来，但是将来未必不会翻身，而且即便不能翻身，以后至少也能够得到一些股份，在家族企业中担任要职也是情理之中的。那时候，她常常和他一起吃饭，一起谈心，鼓励他振作起来，把他当知心的朋友看待。由于当时他的权力受到限制，做很多事情都不方便，米莉便常常主动帮助他，有时候甚至偷偷违反公司规定，这让杰克很感激。

一年之后，杰瑞东山再起，重新将权力集中在自己手上并很快成为了公司的执行董事，这时候，他大刀阔斧地进行了改革，将绝大多数人都调走和辞退了，而且还做了一个惊人的决定，那就是将米莉小姐任命为董事长秘书。当时很多人都不理解，米莉小姐能力平平，而且相貌也不出众，杰瑞怎么会那么器重她呢？其实，这都是米莉的感情投资起到了作用。

人非草木，孰能无情。无论一个人平时多么坚强，但在自己失意之时，总是希望自己的身边有一个人支持自己，鼓励自己，感觉自己不是孤单一人，感觉自己是受到重视的。这些需要是物质无法替代的，有时候，情感需要比物质需求更为重要。米莉正是在杰瑞落魄的时候，没有放弃他，鼓励他，温暖了对方的心。杰瑞到了功成名就之时，仍旧没忘了米莉，让她成为自己的左膀右臂，努力打拼。

得人心者未来的路更广。在人际关系方面，投入感情往往比投资金钱更能温暖人心。那么，我们该如何进行感情投资呢？

1. 雪中送炭，更能温暖人心

人生不如意十之八九，在这个世界上，凡事不可能顺顺当当、安安乐乐，总是会出现一些挫折与困难。这对于每个人来说是一样的。在你每天的生活中会发生一些不愉快的事情，这是极其正常的，没有什么值得抱怨的。有时候，我们身边的朋友或同事会遭遇困难，那也是情理之中的事情。如果在别人危难时伸出援助之手，别人就会为你的行为而感动，于是这种感情就播下了种子。当然，锦上添花也未尝不可，但效果不如雪中送炭。

2. 经常帮助别人

在别人危难之时，伸出援助之手，也是一种感情投资。当你在别人危难之时，伸出援手下次有求于他之时，他也要看在你曾经帮助过他的面子上多考虑考虑了。也许一次举手之劳，有意外收获。若是你想要改善与别人的关系，不妨学会设身处地为对方着想，在适当的时候，帮助他吧，这样能让你们之间的情谊迅速升温。在帮助别人获得他想要的事物的同时，你也得到你想要的事物。你付出的越多，帮助的人越多，你得到的也就越多。

3. 记住对方的生日

在与人交往过程中，并不是只有相互帮助、相互理解，还要在细节上下功夫。试想一下，如果在对方的生日或者重要节日的时候，或送去一张小小的贺卡，或是一束鲜花，或者为他准备一个惊喜，那么对方肯定很感动，引起情感上的震颤。这种感情投入，是金钱投资无法比拟的。

人是情感动物，情感是大多数人的软肋，人是很容易被感动的。只要感情投资运用得当，即使在短期内没有收获，总有一天我们会得到相应的回报。

智慧锦囊

　　感情投资的效果也许没有金钱投资那样能够立竿见影，但也并不意味着你可以虚情假意。你也需要真情投入，而不是搞表面文章。感情是相互的，你都是敷衍了事，那么别人又怎么会用心呢。感情投资，并不是工于心计，而是源于真诚、善良的内心。多做些感情投资，女孩就能结交更多的朋友，让自己的生活丰富多彩起来，为自己的人生发展推波助澜。

好的形象，为你的交际成功加分

　　在这个以人际关系为主导的社会，人们都希望自己在别人的眼中是完美的，希望更多的人喜欢自己，接受自己。这就需要你有一个好的形象，来为你的交际加分。

　　什么是形象呢？形象就是指一个人在公众场合给人留下的整体印象，形象是受多方面因素影响的，如服饰、言谈举止、妆容等。即使是初次见面的陌生人，有好的形象，也能够让你更快地被接受，融入别人的圈子。试想一下，若你的对面是一个不修边幅、邋里邋遢的人，你还有和对方多聊聊的想法吗？所以，这就要求女孩，要格外注重自己的形象，令它成为我们与人交往的助力。

　　人的内在形象是指人的内在修养，它主要包括道德情操、理想追求、心理状态、文化水平、审美情趣、人际关系等，而这些修养都必须借助外在形象才能表现出来。

　　你的形象会说话，它可以决定别人对你的看法。对人彬彬有礼，穿着整洁，举止文雅，是个人修养的起码体现。形象也是一种资产，许多人都是因为个人形象魅力的缺失，而失去了绝好的工作和成功机会。因此，为了争取自己的利益，我们应尽快树立起自己的形象，培养起在大家心目中的威信来。

思雨是一所高等学府的法律系高材生。毕业时，她充满豪情壮志，觉得自己终于可以大展拳脚，实现自己的价值，梦想着丰富的待遇和轰轰烈烈的事业。她深信"人真正的才能不在外表，而在大脑"。于是，她去面试的时候都穿得很随意，而她对那些刻意打扮的人总是嗤之以鼻。因为她认为一个人的内在才是重要的。如果一个公司在面试时以外表来论人，那么去也没什么价值。于是她面试的服装越来越随意，有时穿休闲裤、T恤衫，甚至有一次还穿了一双拖鞋去面试，她觉得这是自己独特个性的体现，自己有丰富的内在，一定会有人聘用她的。她认为自己独特的抗拒潮流又充满叛逆性格的装束，正反映了自己有独特创造性的思想和才能。

然而，这些却让她屡屡品尝了失败的滋味，她一次次去面试，一次次没有任何通知，就像石沉大海一样。直到有一次，她与同班同学被某公司召去面试后才幡然醒悟。

看她的同学，那可谓全副"武装"，看起来俨然是一个成功者的姿态——潇洒的发型、干净的面容、西装革履，手中还提了公文皮包。而再看一看她自己，依然是那套"潇洒"的休闲服，外加上我行我素的表明"性格宣言"的鞋子。

当她进入面试的会议室时，看到有七八个面试官，全都是考究的职业装，看着既专业又优雅。他们看上去不但精明强干，而且在气势上感觉很压人。相比之下，自己那不修边幅的休闲打扮，就显得如此与众不同、不伦不类，简直是格格不入。巨大的压力和相形见绌的感觉使她"恨不能找个地缝钻进去"。她没有勇气再进行下去，不得不放弃了面试的机会。她后来说："我在当时，以前所有的自信和狂妄一瞬间全都消失得无影无踪了。"

所以，好形象是现代人的一种资本，充分利用它不仅能给你的日常生活添色加彩，更有助于提升你的影响力。现代人具有好形象，除了可以展示个人的气质、风度外，更有助于提升自己的影响力。

塑造良好的个人形象，应注意以下几个方面：

1. 在适当的场合，选择适当的服装

在不同的场合，服装的选择也是有不同要求的。这就要求女孩在日常生活中注意这一点，不同的场合选择适合的服装，如晚宴时，女孩应穿晚礼服，根据自己的实际情况，选择适合自己的服饰，给人留下好印象。

2. 丰富内在素质

个人气质往往是指内在气质或修养的外在表现。气质是内在的、不可直接看得到的，但是也体现在你的行为举止中，而并非表面功夫。若是胸无点墨，即使有华丽的服装来装饰，也掩盖不了自己的内在，也毫无气质可言，只会给人留下肤浅的印象。若是想要更好地塑造自己的形象，提升自己的气质，就要不断提升自己的知识水平和品德修养，不断丰富自己的内心，让自己的气质不再流于表面。

3. 注意细节

细节同样不容忽视。服饰穿戴在任何情况下都应该保持整洁、干净。注意衣服的细节，像袖口、领口等地方也不应该有污渍。服装应是无褶皱的，查看扣子是否齐全，是否有开线的地方。不能只表面光鲜，内里也要注意清洁。内衣应注意勤换勤洗，保持洁净。此外，也不可忽视了鞋袜在整体装扮中的重要作用。不能衣服干净、整洁，袜子却满是脏污。"三分衣服七分鞋"，鞋的整洁与否也在仪表中有重要作用，不可忽视。

智慧锦囊

古代哲人穆格发说过："良好的形象是美丽气质的代言人，是我们走向更高阶梯的扶手，是进入爱的神圣殿堂的敲门砖。"的确，良好的形象让别人印象深刻，它也是一个女孩能否体现出自己美丽的关键。

第12章

掌握好手段：用好女性优势，
拉近心灵距离

作为一个女孩，应该了解自己的优势，并把握和善用它，优势会成为你的财富，会造就你的幸福。女性的魅力为女性增添光彩，让女性更加成功。女孩应该善用自己的女性优势，充分发挥自己的才干，达到自己期望的目标，实现个人价值。

好的第一句话，是成功的开始

在与别人交谈的时候，我们常常会有这样的困惑，该如何开始这段谈话呢？第一句话应该说什么呢？第一句话在交谈中的作用至关重要。它奠定了沟通的基调。第一句说得好，能够让对方感受到你的真诚，能够很好地展现自己的风度，赢得别人的尊重，接下来的沟通也自然顺利多了。但是，如果第一句话说得不好，就会在谈话双方之间架起了无形的阻碍，让机会从我们身边悄悄溜走，让我们的才能没有用武之地，也让交流无法顺利进行下去。

11个国家的法官组成的国际军事法庭就日本战犯进行审判。盟军最高统帅麦克阿瑟指定，庭长由澳大利亚德高望重的韦伯担任，庭长左右手的第二把、第三把交椅成了各国法官竞争的目标。这不仅仅是一个位置那么简单，它的背后代表着每个国家在审判场中的地位。当时中国的国力并不强，所以最后为中国法官选定的位置安排在了美国和英国之后。

这是一个事关国家尊严的重要时刻，为了国家的利益，各国的法官代表都尽量争取前面的位置，中国的梅汝璈也不例外。就在大家争论不休的时候，他说："如果说我个人的座位问题，我并不在乎。但既然代表国家，我想必须请示本国政府。"这话在人群里炸开了锅，大家全部停止了争论，全都吃惊地看着他，满脸不可置信。这哪里还有素日睿智的样子，现在完全就是头脑发昏了啊！如果大家全要请示本国政府，那么事情何时才能有定论啊。梅汝璈看到产生了预想的效果，不慌不忙地说出了他的理由："如果各位不同意我请示本国政府的意见，那么我想，既然这个法庭是用来审判日本战犯的，法庭的座次应当按照日本投降时各受降国签字的顺序进行排列最为合理。中国受害最烈，抗战时间最久，付出的牺牲最大，理应排在第二。何况，没有日本的无条件投降，哪有今天的审判？按各受降国签字的顺序安排座次，才算顺理成章。"此时，看到法官席上开始骚动，梅汝璈微微一笑，又继续说道："如果大家不赞成，不妨另外用个更有趣的办法：弄个体重测量器，以体重的大小来排座次。"他的话还没说完，众法官已经笑作一团。

庭长无可奈何："各位法官先生，我们应该尊重梅博士的意见，我建议，重新回议事大厅，进行表决。"

半个小时后，座次顺序重新排定为：美、中、英、苏、加……

梅汝璈成功了。他说好了第一句话；这为后面的成功奠定了坚实的基础，后面的事情才会顺理成章。

在社交过程中，你所说的第一句话有很重要的作用。若想要留给对方良好的第一印象，为接下来的事情做一个良好的铺垫，就要关注第一句话的重要性。说好第一句话有以下几种方式：

1. 真诚的话语

在人际交往过程中，每个人都想给别人留下深刻的印象，想要一鸣惊人，那么我们该如何做呢？

首先你要做的就是有真诚的态度，用朴实的语言来和对方交谈，真诚的语言也许没有华丽的辞藻，但往往是最能打动别人的。而让对方印象深刻的时间，往往只是你谈话的开始几分钟以内，所以你就要把握这珍贵的几分钟时间，说好第一句话。但是在这之前你要学会摒除自己虚荣的内心，真诚对待每一个人。

2. 表示仰慕或者敬重之情

开头的第一句话可以表示仰慕或者敬重之情，把握好说话的分寸，以实际

情况为准，不要过分夸大，言过其实，如使用"如雷贯耳""久仰大名"等词语。可以换一种说法，如面对一个学者，可以说"在我上学的时候，就已经研读过您的作品，真是受益匪浅，很高兴在这里能够见到您，请多指教。""能在这里看到您这位德高望重的学者，真是不胜荣幸"等。

3．以问候开始一段对话

其实，一句简单的问候，也能开启一段愉快的谈话。简单的问候，不仅是一个人基本修养的体现，更是让别人认可你、接纳你的敲门砖。想要和别人交谈，不妨从问候他人开始吧。

其实，问候语也应该根据问候对象、时间的不同而有所变化，不要千篇一律的以"你好"来问候，这样你会收到很好的效果。如面对德高望重的长辈，问候中要带有一片敬意；面对与自己年龄相仿的好友，问候中要带有亲切；面对自己的后辈，要显得平易近人；而面对一些特殊职业的人，如医生，可以以对方的职业称呼对方，表示自己的尊重。在节日的时候，可以针对节日说一些吉祥的话，给人暖暖的祝福，这些话语都可以作为你和别人沟通的第一句话的不错选择。

4．和对方说话前，察言观色

想要和他人进行沟通的时候，也又要注意察言观色。通过他显露在脸上的表情，或者一些小动作，通过这些小细节，看透他的内心。如对方满面笑容的时候，你上去打招呼，对方本身就十分高兴，可能正想找个人来分享自己的喜悦，那么这段谈话往往很顺利。反之，对方心情不好的时候，无论你说什么，可能对方都没有心情应付你，谈话很难顺利进行下去。

智慧锦囊

"好的开始等于成功的一半。"无论是与初次见面的陌生人、许久未见的亲人或者远道而来的好友，你所说的第一句话都至关重要。它是开启一段和谐交流、沟通的关键，它有可能决定了我们是否能够得到对方的喜欢与信任，决定着我们是否能够打开对方心灵的大门。所以，女孩要把握好谈话的第一句话。

敢于承担责任的女孩更受欢迎

敢于承担责任是一个人修养的最好体现，也是实现人生目标需要努力的方向。责任心体现在诸多方面，小时候，我们有责任不哭不闹，减少爸爸妈妈的担心；结婚后为人父母，要承担养儿育女的责任；而面对年迈的父母，我们需要尽到孝敬老人的责任；经商做生意，我们有诚实守信的责任；做一名医生，我们有救死扶伤的责任……

一个成熟的人，从来不会怨天尤人，而是直面自己的人生，勇于承担责任。我们要对自己的行为负责，要勇于承担责任，并且不再寻找任何借口。只有这样，你才能真正地成为一个成熟的人，成为一个受欢迎的人。

丘吉尔说过："伟大的代价，就是责任。"一个人只有承担责任，才会被赋予更大的责任，进而更好地展现自己的才能，实现更多埋藏在心中的梦想。历史上，有很多名人都是有责任心的典范：范仲淹"先天下之忧而忧，后天下之乐而乐"，以天下人之幸福安康为己任；辛弃疾"醉里挑灯看剑，梦回吹角连营"，以国家之安定团结为己任；林则徐"苟利国家生死以，岂因祸福避趋之"，以社稷之安宁为己任。

事实证明，只有有责任心的人才能成就事业，社会也需要有责任的心来营造和谐。

古人用自己的方式承担着自己的责任，女孩也应该学会如何勇于承担责任，让自己获得大家的信任和喜爱。

思璇刚到新公司的时候，可谓是众星捧月，她年轻漂亮，还很会说话，身边的同事都毫不掩饰对她的善意。但是，随着接触的加深，大家开始不那么喜欢思璇了。这都是因为有一次，一个女同事花了三个多小时录入了一份重要资料，可是在她出去的几分钟里，文件却神秘消失了，要知道这个资料可是老板着急要的。资料当然不会自行消失了，唯一的可能就是有人动了她的电脑，到底谁是"真凶"呢？这位女同事很和气地问了几遍，但始终没人承认或者看见。这件事情也成为了公司的神秘事件，一天公司的一个文员悄悄告诉大家，她突然想起那台电脑思璇曾经动过，但是她却没有承认。这件事过后，大家对思璇的印象也就大打折扣了。一个没有责任心的人实在让人不敢恭维，谁知道以后还会发生什么事情呢。

不久后，又发生了另外一件事，使大家对思璇更加失望了。思璇所在的A组接受了一项工作，为一个大型百货的促销活动提供服务，也就是这个组要全权负责从市场调研到后期策划的所有相关工作。10天后，A小组完成了全部工作，但在橱窗设计方面有重大失误，给公司带来了严重损失。整个小组都笼罩在一片阴云下，大家都开始变得忐忑不安，不知道公司会如何处罚他们。这个时候正是体现团队精神的时刻，大家本该共患难，风雨同舟，没想到思璇却舍弃了大家。

在公司就此次事件开展的会议上，思璇一上来就推卸责任，说此次事件和自己没有任何关系。对于这个失误，她当时没对橱窗设计提出过什么意见，她不想受别人的牵连。但事实并非如此，思璇才是真正应该出来负责的人，大家都替她背了黑锅。橱窗设计方案思璇从头至尾都参加了，且正是因为她的错误才造成如此严重的损失。公司领导没有太过严厉地批评大家，只希望大家吸取教训，几个主要领导都对思璇推脱责任的做法感到不满。同事们就更不用说了，大家都疏远了思璇，几个刻薄的同事还时不时对她冷嘲热讽。结果，不久后思璇就主动辞职了。

思璇不勇于承担责任，敢做却不敢当，自然受到了大家的摒弃，身边的同事自然不喜欢她了。谁愿意和一个随时可能让你替她负责的人深交呢？每个人都有犯错的时候，犯了错误并不可怕，可怕的是你在错误面前，连承认的勇气都没有。错误面前，女孩应该学会勇于承担责任，一个有责任的人，自然能受到身边人的赞扬。

责任是人与生俱来的一种约束，是一种力量，在生活中，责任的身影无处不在，对家人、朋友、对自己都有一定的责任。责任是人的人生观、价值观和世界观的体现。学会承担责任，是严于律己、成长的标志。

那么，女孩应如何培养自己的责任心呢？

1. 树立承担责任的意识

女孩想要培养自己的责任心，首先应该树立承担责任的观念，承担责任是光荣的，推卸责任是不可取的。承担责任的多少与个人能力也有一定关系，一个人能力越大，那么他承担的责任就越大。如公司的领导，直接负责整个部门人员工作的分配，工作进度的把控，重要决断的实行等，没有领导的部门是不完整的。责任越大的人，也有更加广阔的发展空间。当然，一个人还要有承担责任的胆量，紧抓身边的每一个机会，不要退却。充满自信地迎接接下来的挑战，即使做错了事情也没有关系，以后还会有很多的机会。如果没有承担责任的勇气，那么即使身边有机会也会与你擦身而过，与成功的距离越来越远。

2. 敢于承认自己的过错

女孩勇于承担责任的一个表现就是，做错事的时候，能够勇于承担错误。人无完人，每个人都会犯错，当发现自己做错了的时候，就应勇于承认，并承担相应的责任。成大事者必定是一个勇于承担责任的人。遇到问题不要畏惧，而要直面这些问题，只有坚持如此，才不会总等到失败的降临。才会等到成功的降临。

　　梁启超说过"人生须知负责任的苦处，才能知道尽责任的乐趣"。责任并不是我们前进路上的束缚，而是成长的阶梯。勇于承担责任，发挥自己的聪明才智，这样做，才能释放自己的心灵，成长为更加优秀的自己，让自己成为受欢迎的人。

从对方感兴趣的事情入手，让谈话更加顺利

　　每个人，不管他是什么身份，从事什么职业，每个时刻，都在寻求一种存在感、重要感。在与人交谈的时候，我们是应该滔滔不绝地表达自己的想法，还是在自己说的同时，也倾听他人的想法呢？女孩应该学会静静地倾听他人，从对方感兴趣的事情入手，让聊天更加轻松、愉快。你成为最好的倾听者，一个出租耳朵的人，会受到大家的欢迎。

　　在人际交往过程中，若将谈话的内容引到对方感兴趣的事情上去，就是让对方主导这次谈话，自己应该保持清醒的头脑，不要让对方感到不舒服，这也是与素不相识的人交往的必胜法门。

　　宋歌是一家上市公司的行政助理，最近领导布置给她一项任务，邀请一位特别著名的园林设计师到本公司担任一个大型园林项目的设计顾问。但这位设计师在业界很有名望，早已在家安养晚年，且此人性格清高孤傲，很多人都没有请动他。

　　为了博得这位设计师的欢心，宋歌前期做了一些小调查，她了解到这位老设计师喜欢中国古典文化，尤其是字画方面，平时自己也喜欢作画，宋歌便购买了相关书籍，花了几天时间彻夜苦读。几天后，宋歌亲自到老设计师家拜访，刚开始，老设计师对她态度很冷淡，宋歌就装作不经意地发现老设计师的

画案上放着一幅刚画完的国画，便边欣赏边赞叹道："老先生的这幅画作，景象新奇，意境深远，真是意境深远，是一幅不折不扣的好画啊！"一番话使老先生升腾起愉悦感和自豪感。

接着，宋歌又说："老先生，您这是清代山水名家石涛的风格吧？"这样，自然引起了老设计师的兴趣，他也就开始滔滔不绝地说起了自己的作画心得。

接着，宋歌对所谈话题着意挖掘，环环相扣，使两人的感情越来越近。终于，宋歌圆满完成任务，说服了老设计师，出任自己公司的设计顾问。

不论是陌生人还是和你亲近的人，你都应该说些对方感兴趣的话题，让你们之间的关系更加融洽。推己及人，你若想和对方合作，对方也就不那么抵触，合作也就没有那么难了。

当你试图与他人建立愉快的谈话时，不妨谈一些他感兴趣的话题。如果这个话题并非你所擅长的领域，那么就请做一个专注的倾听者，鼓励他谈论他所感兴趣的一切。这不仅能够让对方感到愉悦，同时也会让你受益匪浅。

1. 从兴趣爱好入手

每个人都有自己感兴趣的事情，并且十分愿意与别人分享自己的这部分事情，他们试图找到与自己志趣相投的人沟通。若你能从他人感兴趣的事情入手，会在无形之中拉近你与他人的距离，让别人很容易对你有好感，你可以从对方的兴趣开始，让你们的沟通更加和谐。

2. 提出对方熟悉或者生活方面的内容

可以和对方谈这方面的内容，让对方有机会发表自己的言论，不管对方是谁，都会有效地消除你们之间的距离，你们之间的谈话会更加自然地进行下去。

每个人都需要受到他人的关注。人们首先关注的是自己，然后是关注与自己有关的人，接下来才是别的什么人。所以，当我们听到自己熟悉的人的消息

时，不管和我们是什么关系，我们都会不自觉地问一下，而且在听的同时，心里还会想着该如何应对。如果把这些内容选作谈话的主题，无疑会让谈话更加顺利。

想要与别人相识或者想要别人能够接纳你，不妨从他感兴趣的事情说起，在情感上获得共鸣，不让对方觉得你说的话枯燥无味。这是一个不可忽视的沟通技巧，能帮你在人际交往中达到梦寐以求的效果。

主动认错，拉近彼此间的距离

人无完人，每个人都会犯错，可怕的不是做错事情本身，而是知错仍不负责任。在生活中，我们经常看到很多人明明错了却坚持不认错，甚至试图以抵赖、狡辩等方式逃脱惩罚，或者为找各种借口推卸责任。这都是缺乏责任心的表现。

美国田纳西银行前总经理L.特里曾说："承认错误是一个人最大的力量源泉，因为正视错误的人将得到错误以外的东西。"由这句话引申出来的就是著名的心理学法则——特里法则，俗话说："金无足赤，人无完人。"很多人总是潜意识地想要保护自己的名誉，犯错了也试图以各种借口推卸到别人身上，不愿直面自己的错误。其实，有这样的心理是正常的，但是为了能够从错误中获得另外一些有用的东西，女孩应该学会摆脱这样的心理。

贝多芬说："一个人最难堪的事情莫过于被迫去为自己的失误而自咎自责。"如果发现自己的错误，并诚心诚意地承认错误，这种大无畏的精神也能算得上一种"知耻近乎勇"的表现。

承认错误并不是什么丢面子的事情，相反在一定程度上，这是一种勇敢的行为。因为，对于每一个犯错的人来说，错误承认得越及时，就越容易被改正和补救。

做错事的时候，要敢于认错。不管后果是什么，我们都要如此。因为，只有敢于认错，才是一个有担当的人。并且，认错需要快速而主动。越是及时主动，越能得到对方的谅解。

多年前，思璇在某电视台从事记者工作，有一次她要去美国参加一个电影节的采访。为了能够顺利出国，要准备许多相关资料，要找许多部门办理，其中还必须请公司的人事和安全单位出函，于是她托一位好友代为办理。

经过多方波折，思璇已经准备好了其他资料，全部交到那位朋友的手中，心想这件事情终于告一段落了。可是才刚到家，电话铃就响起来了，接通后才知道是那位朋友，说缺少了一份很重要的资料。

"我在交给您之前检查了所有的文件，都是齐全的啊！"思璇说。

"我已经全部检查过了，可是并没有！我确认我并没看到！"对方斩钉截铁地回答。

思璇立刻赶到那位朋友的办公室，当面说明她确实已细细点过。

朋友举起思璇给的文件夹，抖了抖，说："没有，还是没有！"

"我敢以人格担保，我都给你了！"思璇大声说。

"我也以人格担保，我就是没有收到！"朋友也大声吼回来。

"你现在就给找找看，一定是掉在这个办公室的某个角落了！"思璇吼得更大声。

"这还用你提醒，我早在这个办公室找过了，我还不至于糊涂到那种地步，你一定没给我。"朋友也吼得更响。

眼看时间迫在眉睫，思璇气呼呼地赶回单位，又去重新去开具这份资料，这是一段不轻松的办理资料经历。就在快要办完收拾资料的时候，她发现自己将那份文件夹在别的资料里了。

"真是对不起，是我不对，是我不小心夹在别人的文件里了，我真是太不对了……"思璇对那位朋友说。

从那以后，思璇不但与朋友毫无芥蒂，反而与朋友的关系更密切了，因为朋友觉得她是一个足够坦诚的人。

多年以后，思璇说虽然那件事是自己的错，可是以当时的实际情况来看，她完全可以隐藏自己的错误，她到现在都十分敬佩自己当时向朋友坦诚错误的勇气。她的主动认错，也让她和朋友的友谊更加深厚了。勇于承认错误，能提升自己的形象，让女孩更加有魅力。

1. 主动承认错误能够减轻我们的心理压力

主动承担错误，不仅能让别人感受到我们诚恳的态度，让自己赢得别人的宽容，还能减轻我们内心的心理压力。坦然地面对自己所犯的过错，积极改正，为自己赢得尊重，让自己更加坦然地大步前行。

2. 主动承担错误不会降低我们的信誉

勇于承认自己的错误是智者的选择，是一种大智慧，是大勇敢。即使是伟人，也有犯错的时候。其实，犯错误并不可怕，有些人觉得让别人发现自己的错误，自己就会丢面子，会受到惩罚，对自己的形象有强大的破坏性。其实，事实并非如此，你不承认错误，别人会认为你没有担当，开始不信任你，感觉你没有信誉。勇于承认错误不仅不会损害到自己努力树立的形象，反而会赢得别人的尊重和信任，你在别人心目中的形象反而会越加高大起来。

3. 若道歉无法说出口，可用别的方式代替

如果和别人发生矛盾，道歉的话实在无法说出口，可以选择别人能够接受的方式来代替。例如，与朋友之间发生不愉快，你可以给她打电话："还在生气吗？一起出去玩怎么样？"这时，对方即使还没有消气，但是面对你的电话，她的气也没有之前那么大了，打电话时自己来个道歉就是一个不错的选择。

无论你处于何种地位，当自己确实犯了错误，就应该学会承担责任，学会主动认错。勇于承担责任，不仅是富有勇气的表现，更是一种为人处世的智慧。这样，你还能够获得身边人的尊重和谅解。懂得低下你高昂的头，对于你自己来说，并不会失去什么，你还能受益良多，会使自己在众人心目中的形象高大起来，身边的人也会更加喜欢你。

温柔一点，更能打动人心

有人说女孩的魅力是婀娜的温柔。古希腊神话里，雅典娜给人的一种高级智慧便是温柔——雅典娜是智慧女神，温柔也是一种智慧。

我们尽可以把女孩培养得潇洒、聪慧、干练、足智多谋、有文才，但有一点不能少，就是必须要让她拥有似水的温柔。因为温柔是男孩缺少而女孩所存在的理由。温柔，是作为母亲和妻子的女人不可缺少的一种基本的资质和品性。

温柔是女孩性格中的闪光点，是一种美好的东西。具备温柔性格的女孩善解人意、体贴备至。

叶莺曾是柯达亚太区副总裁，这位美丽、智慧的女性之所以能成为世界500强中首位华人女总裁，除了她在工作表现突出之外，更多的是她会运用女人的武器——温柔。

在她到柯达就职的第3天，她就以大中华区副总裁的身份加入柯达已经持续了3年、正陷入僵局的谈判。当时，这个被柯达称为"7计划"的谈判让每个参与的人都疲惫不堪。叶莺一到现场，便直指谈判要害，让困扰大家的难题一下就解决了，并且成功地达成了"98协议"。

叶莺在在谈到自己成功的秘诀时，是这样阐述的："我的交际之所以成功，首先是女人的柔情。'柔情似水'这四个字没有人用来形容男人，而绝对是形容女人的。女人是水做的，再硬的钻头也钻不出河床里的鹅卵石，可是水可以做到。"可见，女人的温柔是女人独有的武器。不管在什么情况下，她们的温柔都显得极具人情味，能够理解别人的种种无奈和苦衷，然后用女人的温柔化解它，使对方喧嚣的心灵变得宁静、自信，从而获得对方的好感。

还有一个广为人知的故事。一天，英国女王伊丽莎白与丈夫发生了矛盾，丈夫气得锁上了房门。半天过去，英国女王心疼地叫丈夫开门，说："快开门，我是女王。"对方硬是装聋，没有任何回应。英国女王又说："我是伊丽莎白，请开门。"对方仍不理睬她。英女王灵机一动，温存地说："亲爱的，开门，我是你的妻子。"整日生活在英女王影子下的丈夫，受压抑已久，听了如此温柔的话语，如沐春风，于是忙眉开眼笑地开门迎妻："进来吧，夫人。"

温柔就是有如此强大的力量，在一些强硬无法解决的问题中，温柔总能让事情向更好的方面发展。

那么，女孩该如何培养温柔的性格呢？

1. 注重性格的塑造

温柔并不是软弱，既要学会温柔，也要养成坚强的性格。观察性格软弱的人可以看出，他们大多性格内向，很难培养出外向坚强性格，但是内向坚强性格是可以锻炼出来的。一般来说，内向型性格的女孩有三个特点：不露锋芒但有韧性，不热情奔放但有主见，不强词夺理但能坚持正确意见。因此，性格内向的女孩也并不是完全没有可能培养出坚强的性格的。

2. 把握自己，不软弱

温柔，并不意味着软弱，它们是有本质区别的。女孩的温柔，应该柔中有刚，柔韧有度。只有这样，才是真正的温柔。不要事事依赖别人，应该多给自己一些锻炼的机会，养成温柔的品性。

3．加强修养

"腹有诗书气自华"，女孩的温柔从修养而来，我们也需要不断提升自己的内在修养，通过多读书、多学习，来修养自己的身心，陶冶自己的情操，让自己的内心丰富起来。还可以多读一些诗歌、散文，多参加一些义务活动，体验那些无私的爱，多听些古典音乐，让自己由内而外散发自己独特的魅力。

温柔，并不是一两天的时间就能练就的，需要你长时间的锻炼，自己不断提升，你一定会成为一个温柔、可爱、有魅力的女孩。

智慧锦囊 ★ ★ ★ ★ ★ ★ ★ ★ ★ ★

温柔是女孩的天性使然，如果不加以后天的培养，那么也会失去上天赋予女孩的这一独特闪光点。温柔是女孩的致命武器，它能消除成功路上的障碍，让困难消失于无形。温柔的女孩恰如一块美玉，不需刻意的装饰也已完美无瑕；温柔的女孩丰富而又单纯，朴实而又清澈，她的本质恰与美玉的特质相同……

第13章

芬芳的友谊:
女孩与朋友交往相处的心理学

　　每个人都需要朋友,都不想自己形单影只。若有一群可以推心置腹的知己,休闲时间大家一起聚会,做自己喜欢的事情,填补自己生活的空白,那么内心也就不会有孤单感了。朋友是女孩生活的重要组成部分。那么,在形形色色的人群中,怎样找到志同道合的知己朋友呢?和朋友交往应该注意哪些原则,怎样让自己更有魅力,更能得到朋友的信任和喜欢,这些都是女孩与朋友交往相处的心理学。这些都是女孩应该学会的小技巧,这对女孩是一种提升,让自己有更多的朋友,建立自己的朋友圈。

礼尚往来，沟通感情

《礼记》中说："礼尚往来，往而不来，非礼也；来而不往，亦非礼也。"礼尚往来，是礼貌待人的一条重要准则。礼物是传达感情的桥梁，表示送礼人特有的心意，蕴含着感谢、祝贺、尊重、友情或者是爱慕。本质上，"礼尚往来"的不是礼品，而是人情味。礼物帮我们拉近了彼此之间的距离，加深我们之间的情谊

千里送鹅毛，礼轻情义重。在打造自己人际圈的过程中，一定要学会做个有"礼"之人，学会送礼的艺术，有了新朋友的相伴，也不要忘了老朋友的情谊。唯有如此，才能够拉近彼此间的距离，从而增进友谊，加深感情，不论是与人相处还是求人办事的时候，也要学会礼尚往来的真谛，让别人更容易接受。

萌萌是一个记者，平时总是到处出差，虽然在办公室的时间不多，但还是很受大家欢迎。每次她出差回来的时候，都会给每位同事带当地的特产或者特色饰品；平时同事生病了，萌萌也会马上嘘寒问暖，为他们准备药；逢年过节，萌萌都会给大家发电子贺卡祝贺……因此，萌萌和同事们相处得非常愉快，当萌萌有事情找同事帮忙的时候，大家也都很乐意帮忙。

有时候，萌萌也会带点小零食放在办公室，每次到了下午茶的时间，萌萌总会把办公桌的抽屉打开然后大声说："快来快来，萌萌分零食啦！"同事们都笑着和她打作一团。即便有的时候和同事发生了一点小误

会，萌萌也送同事礼物，不让小矛盾破坏了朋友间的感情，破坏办公室的良好氛围。

有人问萌萌为什么总是给同事们送礼物呢？萌萌总会说："当面对人示好，或者示弱，我都会不好意思。花点心思选个小礼物，一切尽在不言中。而且你给了别人礼物，同样你自己也收获了快乐，这样对自己又有什么不好呢，以后工作中有了问题，还可以得到同事的帮忙，这种礼尚往来的方式非常好。"

其实，萌萌就深谙这种交友的艺术，同事之间互赠个小礼物是普遍现象，这不仅促进了同事之间的情谊，也让办公室的氛围更加和谐，朋友间相处，也讲究"礼尚往来"。

送礼都是有来有往的，今天你送我个生日礼物，明天我送你个节日惊喜。面对别人送来的礼物，你该如何处理呢？无论怎样的礼品，都应真心地收下。若是你执意不收朋友的礼物，硬是要把礼物退回去，可以换个方式，暂时将礼物收下，然后在适当的时机，给朋友送差不多价值的礼物。实在不能接受礼物，除委婉拒绝外，还要诚恳地道谢，接受对方的情谊。至于那些非常理之中的大礼，在可能影响工作大局和令你无法坚持原则的情况下，宁可撕破脸皮也要断然拒绝，否则你日后很可能为它所累。这叫作"君子爱礼，收之有道"。

你收到了别人的礼物，你再给朋友送个礼物也属正常。但是，想要把礼物送出去，也不是一件简单的事情，也需要掌握一定的方法和技巧才能更好地打动人心。一个能把人情恰到好处送出去的人，绝对是懂得为人处世艺术、深谙人情事故的人。

1. 注意时间、地点、场合

送礼物应注意时间、地点和场合。有很多人特别喜欢选择在晚上到对方家里，但这未必是最好的拜访时机。晚上可能对方并不在家里，很可能吃闭门

羹，连人都见不到。对方有时在家，也很可能碰到其他的客人。那么，送礼物的最好时机应选择在他上班还没动身之前，这样既没有打扰到对方，也把礼物送到了，你也能表达自己的心意。

2. 注重意义

评价一件礼物的好坏的标准，并不在于它值多少钱，而体现在它所蕴含的意义。任何礼物都体现着送礼者的心意，或道谢、或祝贺、或尊重、或示好，所以，可以根据你想表达的内容选择适合的礼物，会让对方也能充分体会到你的情谊，对礼物也会倍加珍惜。

比如，当你知道你的朋友喜欢花草，于是你就可以选择送给他一个造型独特的盆栽，这将会使他对你另眼相看；给母亲买一件符合母亲审美的衣服，即使是没有到现场，妈妈也能体会到你暖暖的关爱……这样符合对方喜好且蕴含情意的礼物，更能打动对方的心。因此，选择礼物时要注重它的意义，根据个人的爱好选礼物，送礼也讲究送到对方心坎上。

3. 慎重选择那些有寓意的礼物

不同的礼物也有不同的含义。送礼物还应该注意这一点。例如，给男性领带或腰带，送女性项链或戒指，这些礼物都寓意想要控制住对方，在选择礼物的时候要慎重。

智慧锦囊

礼尚往来能够维系好友之间的感情。送礼物，也是一种情感的表达。"千里送鹅毛，礼轻情意重。"礼物并不一定送最贵的，还是要讲究送有意义的礼物，要了解对方，投其所好，要急人所急，合情合理。真正能够让人体悟情浓，从而传递真心实意的礼物才是真正的好礼。

懂得让步，不咄咄逼人

俗语云："退一步，海阔天空。"不懂得让步，就无法进步。

聪明女孩永远会为自己和对方留出适当空间，不会咄咄逼人将对方逼入死角，也成功塑造自己坚强而不失宽怀的自尊自爱形象。适可而止是感情关系中无往不利的制胜法宝，做个从容冷静又贴心的聪明女孩，让朋友间的友谊永远不失温。

让步也是一种人生的高级艺术，留一步，让三分，是一种谨慎的处世之道。适当主动的谦让不仅不会招致危险，反而是寻求安宁的有效方式。在日常生活中，把让步作为处理日常生活矛盾的一种手段，除了原则问题必须坚持，对于小事和个人利益，还带来身心的愉快以及和谐的人际关系。有时，这种"退"即是"进"，"与"就是"得"。

克里斯托弗·雷恩是英国17世纪著名的建筑大师，他一生设计了很多有名的建筑，威斯敏斯特市的市政大厅就是他的代表作。

1688年，雷恩为威斯敏斯特市设计了这个富丽堂皇的市政厅！当时，威斯敏斯特市市长的办公室在二楼，由于市长不懂得建筑的原理，看了设计图后，非常担心三楼的问题，十分担心大楼会塌下来。于是特别要求雷恩再加两根石柱作为支撑，加固房子的结构。雷恩很清楚市长的恐惧是杞人忧天，毫无道理可讲，但是他并没有和市长争辩，也没有跟他解释建筑学的原理，而是按照市长的要求多加了两根石柱，市长为此感激万分，工程也进行得十分顺利。

多年以后，人们才发现这些石柱其实根本没有顶到天花板，更起不到什么支撑作用。这位杰出的建筑师为了满足市长的要求，在他的设计中加了两个并不起实际作用的石柱。他没有把时间浪费在和市长进行无谓的争辩中，他明白自己的争辩，只会激怒市长，影响工程进度，所有的设计都将前功尽弃。实际

上多出来的两根石柱并没有影响到他的设计艺术，相反，当后人看到这两根柱子没有顶到天花板的时候，反而更加钦佩雷恩。

有理也要让人三分，只要不是原则问题，就没有必要争论不休，非要争个谁胜谁负，想要证明自己更聪明、更正确！话有时并不需要多说，行动才是最好的证明。

人与人的相处也是一样，如果针锋相对，谁也不肯服谁，谁都不肯退让，那么两人的关系只会越来越僵，当他们眼睛里只盯着彼此，根本不知道退让，而这往往便宜了别人。有时候失败的原因并不在于对手的强大，而在于我们自己，总是固执己见，让别人有机可乘。而且对这两个人而言，两虎相争必有一伤，甚至是两败俱伤，到头来追究争执的原因，也不过是一时的意气，这样的争执无益于自身，即使最终胜利，又有什么意义？

人生在世，不妨学会适当地让步。

1. 非原则性的问题，宽让待人

生活中，对人对事都应有一份宽容之心，这是一种为人处世的气度。在人际交往过程中，应以大局为重，不要事事非要争个高下，不要针锋相对，将矛盾扩大，遇到一些非原则性的小事，不妨学会让步，给别人留退路，给自己留空间。

2. 让步，互相尊重

学会让步并不意味着一味地忍让和无原则地退让，而是对他人的尊重。在人人平等的社会生活中，人与人之间的尊重是相互的。想要获得他人的尊重，就要学会如何尊重他人。因此，让步能够获得他人更多的尊重，成为生活的智者。

3. 退一步，海阔天空

与别人发生矛盾的时候，女孩应该学会冷静，学会发泄自己焦躁不安的情绪，在这个时候，不是非要争个高低，而是应该学会让步，给对方和自己一点

空间。让步，并不代表懦弱无能，也不代表毫无原则，它可以让我们的心情不受到干扰，也能让自己未来的道路更加平坦。当你退步之后，不但能够使矛盾消失于无形，还能让你有一个海阔天空的心境，同时更可重获一份弥足珍贵的情谊。

智慧锦囊 ★　　★　　★　　★　　★　　★　　★　　★　　★　　★

学会让步，并不意味着没有原则，也不是懦弱无能。让步是一种人生智慧，是一种赢得别人尊重的交际技巧。有理也要让三分，这里的让步是谦虚、低调，给别人留面子，给自己留余地。情况不利时懂得让步是识趣，是明智，退一步海阔天空，皆大欢喜。

优势互补，成就彼此

在人生的旅途中，我们除了不断积累、总结经验以增长智慧外，朋友的提携也是我们成功的关键。常言道："相交满天下，知心有几人。"其实，女孩背后，也需要有朋友的相伴，尤其是那些在优势上互补的朋友。在心情沮丧时，给予我们向上的动力，或者遇到困惑不解时，给出中肯的意见，带我们走出迷茫，重新找到方向。尤其是优势上互补的朋友，双方都能够共同进步，更使你完美发挥自己的实力，在生活和动作中所向披靡。

我们的身边，就有很多我们可以学习的对象。可以从培养自己高尚的品德开始。古语说："见贤思齐焉。"就是说要向圣贤看齐。和道德高尚的人相处，自然就能受到他的影响，自觉以他为榜样，追寻他的脚步，不断成长。这也就是所谓的"近朱者赤，近墨者黑"。俗话说："交人交君子，始终有益。"选择与你优势互补的人相交，也必然会对你产生耳濡目染的影响。

那么我们可以怎样选择自己的榜样呢？我们可以通过朋友获得"互补"的最大效益，打破各种无形的界限，主动迈出第一步，主动与他人交往，选择那些有益的朋友，与这些朋友一起，互惠互利，创造属于自己的辉煌。

在我们的身边，就有这样的例子。

张思雨与梦瑶本来是陌生人，但是两人都是十分积极向上的，都报了英语补习班，在这个补习班，她们相识了，这也开启了她们共同进步的开端。她们俩一个热情活泼，一个文静内敛。虽然性格上不相同，但是她们在学习中同样的学习热情和学习兴趣让她们很快成为无话不谈的好朋友。就这样，她们因英语学习而结缘。

在枯燥的学习中，她们也享受到了很多乐趣。比如，她们学的是电视英语，语音课程只是电视教学，至于读音准不准，没有人给矫正。她们俩经常因为说同一个句子却互相听不懂而产生争论，一写到纸上，才知道原来并没有分歧，事后，她俩越想越好笑，在学习中，她们正好形成了互补。就这样互相帮助，互相鼓励，经过一年半的艰苦学习，她俩最后一起通过了相当严格的考试，终于拿到了电视大学英语单科结业证书，并占据了党校中正式毕业的学员中的两个名额。在英语的学习过程中，她们不但收获了知识，重要的是她们交到了让自己受益匪浅的好友，让她们在紧张的学习之余，能够享受到友情的甜蜜。从此，她们不仅是无话不谈的闺蜜，还是工作中默契十足的同事。

那么，我们如何选择好友，让我们更加优秀呢？

1. 采用"横向交叉"的方式交朋友

在人际交往的过程中，你可能觉得某个人的道德修养很好，你想要向他学习，和他成为朋友，在这个过程中，你可能还在他的身上受到思想品德方面的熏陶和影响，然后又通过他结交更多品德高尚的好朋友。多结交一些朋友，说不定哪一天你就需要这方面人才的帮助……

所以，你可以试着多交朋友。你们可能有学识方面的优势互补、性格优势的互补、经济实力的优势互补，等等。除了这些优势的互补外，还可以通过结交不同地域、不同文化层次的朋友，提高自己。

2. 善意发现并学习别人身上的优点

人总是各有所长，各有所短，只有善于发现他人的优点，我们才能学习这些优点。

每个人都有自己的闪光点，也有自己的小缺点，但是这些总是有限的。它需要我们不断地进步来扬长避短。遇到优秀的人，如果我们都能换一种思维方式，换一种角度看问题，发现、学习对方的优点，那么我们就会一点点地突破自我，塑造自我，完善自我，成就自己。

智慧锦囊

和优秀的人交往，你所倾诉的心事，能够得到热情的回应，他们将是你的良师益友。祝你在追寻成功的路上，不断成长。

用你的温暖体贴打动对方

生活中，我们也需要体贴他人，一个善解人意的人在赢得别人的尊重的同时，还能获得好人缘。体贴他人，即使你的表现方式可能不完美，说出的话可能有些笨拙，但照样也能赢得对方的好感。体贴他人不仅能够令他人幸福，也能让自己收获幸福。

刘太太一直说她的丈夫不务正业，不但不把心思花在工作上，反而每天一回家就要奔到阳台去看他的宝贝——那些花，每周都花大量的时间修理家中的那些花草。在刘太太看来，那些经丈夫精心修剪的花草并不比他们结婚时更好看，因此她总是批评丈夫。当然，刘太太的丈夫在面对批评时也不甘示弱，因

此家中经常爆发"战争"。

听完她的描述，刘太太的好朋友对她说："你为什么不换个角度考虑？何不尝试一下站在他的角度思考问题？"这一席话显然打动了刘太太。她沉默了一会儿说："是的，我知道丈夫一直都很喜欢花草。记得我们在恋爱的时候，他经常会送给我几朵自己亲手种的花。那时候还觉得很浪漫呢。也许，这次真的是我错了。的确，他喜欢这些花没什么错，他能在修剪花草的过程中体会到快乐，而我却要剥夺他这种快乐。"

知道以后发生什么事了吗？那太神奇了。当丈夫再一次修剪花草时，刘太太兴冲冲地走过去说："嗨！亲爱的，原来我一直忽略了装点我们家的这些可爱的花朵们，这些花草在你的精心培育下，愈加漂亮了。我相信，如果我们两个一起经营的话，我们的家会变得更美。""是吗？亲爱的，你真的这么认为？"刘太太的丈夫几乎是眼含热泪地说："我很久没听到你这么说了。事实上，你一直都反对我这么做。"刘太太笑着说："可我现在改变主意了。能在工作之余管理自己的花草，这也是一件非常惬意的事情。当然，工作也是不能忽视的。好了，现在我们开始行动吧！"

从那以后，刘太太再也不因为这些小事责备丈夫了，不仅如此，他们还经常一起摆弄花草。如果实在没时间，那么在丈夫干完活后她也会郑重地表扬他一番。就这样，他们一家有花草环绕，有欢声笑语相伴，一家人都很快乐。

其实，与朋友相处时，体贴同样很重要。朋友间相互包容，设身处地地为对方着想，别人怎么会不被感动，不心存感激呢？平时多对朋友关心一点，体贴他们的感受，让那些温馨的话语温暖他们的心房，让友谊常伴我们身边。

1. 体贴很多时候是一种赞美和欣赏

体贴很多时候是一种赞赏和欣赏，是一种鼓励和激励。人类本质中最殷

切的要求就是渴望被肯定。现实生活中，人人都渴望得到欣赏。这对于不少人获取人格的力量，确立价值的标准，树立向上的自信，鼓起前进的勇气，有时候真有"功夫在诗外"的作用。林肯曾说："每一个人都喜欢人家的体谅和赞美。"不少人在理解和欣赏中建立自信，茁壮成长。如果管理者能经常由衷地赏识员工，主动体谅帮助员工，那么工作就能更好开展，企业就会更加和谐。所以，多一些谅解，多一点欣赏，少一点挑剔，少一些指责，于人于己于企业都很重要。

2. 学会换位思考

学会换位思考，就是站在他人的立场上体验和思考问题，设身处地地为他人着想，把自己放在他人的位置上思考，真切地感受别人的痛苦和困惑。女孩一旦学会了换位思考、体谅别人、替他人着想，不仅可以更了解别人，赢得友谊，还能更好地与他人沟通。可以说，换位思考、替他人着想是女孩化解矛盾、赢得友谊与尊重的法宝。

3. 宽容待人

宽容是成功商务女性的必备美德。法国作家雨果说："世界上最广阔的是海洋，比海洋更广阔的是天空，比天空更广阔的是人的胸怀。"聪明的商务女性都懂得宽容别人，不会抓着对方的问题不放。苛刻会把事情变得复杂，没有宽容就失去了友善。

智慧锦囊

想要成为一个高情商的女孩，那么不妨从先从体贴学起吧。当你懂得了关心他人，当你懂得了爱护他人，当你学会用心，去感受他人时，你会发现你所做的这一切，对方都将予以你同样的回报。因为，幸福的生活正来源于相互的体贴与爱护。

你的想法，就等同于别人的想法吗？

你的想法就等同于朋友的想法吗？

在与朋友交往或相处的过程中，不要总以自我为中心，从自己的角度去考虑问题，而完全不考虑朋友的想法，朋友间也需要充分的自由空间，不能事事都横加干涉，这才是保持友谊长久的根本方法。

明明和心妍是一对要好的朋友，从小她们就一起玩。大学毕业后，两人又同在一家传媒公司上班。公司里的人一谈起她们，就十分羡慕，说她们关系多么亲密，每天下班都一起回家，工作上更是配合默契。明明下班回到家，最先想到的就是给心妍打一个电话。两个人在电话里也能聊个没完，有时候还因此忘了做家务。每到节假日，明明总有理由把心妍叫出来，两个人一起逛街、美容。一开始心妍还很乐意，觉得这是她们关系好，但次数一多，就有点勉强了，心妍觉得自己连点自由时间都没有了，但是明明对此毫无察觉，只顾自己玩得开心。

在工作上，心妍想有一番进步，想成就大事业，她想在事业上有更广阔的发展，于是利用业余时间报了一个英语培训班。可到了星期天，心妍刚要去英语培训班上课，明明就打来电话要她陪自己去逛街，心妍解释大半天，明明才勉强同意心妍去上课，等心妍到了培训班，已迟到了一个多小时，这时心妍的心里开始埋怨明明。

又是一个周末，明明的电话准时响起，这次她又逼着心妍一起去帮她看看别人给介绍的男朋友，心妍不答应，说要去培训班上课。然而，明明一直死缠活磨，最终让心妍没上成课，男朋友也没有看成。事后，心妍认真地对明明说，以后星期天她要学习，不会再和她一起出去了。但明明仍不以为意，星期天照样来找心妍，为此心妍都搬家了。这让明明很伤心，她怎么也想不到，自己只是约心妍出去玩儿，结果心妍却越来越疏远她，最后彻底离开了她。

事实上，明明在与朋友相处方面，确实存在一定错误的观念。她还没有意识到，即使是最亲密的朋友，也要有各自的自由空间，也要留一点距离，不要过分亲密，还应该了解和尊重朋友的想法，听听朋友内心深处的声音。

与朋友交往的过程中，应特别注意：

1. 跳出自己的标准

面对自己的好友，应该把握一个度。每个人都有自己的内心世界，每个人也都有自己的想法，不要事事以自己的想法为标准，也要尊重朋友的想法，听听他们内心的声音。

2. 保持距离

保持距离能让朋友之间更有礼，更懂得相互尊重，也能减少矛盾的产生。但一定要注意把握朋友间距离的度。如果距离过大，对方就会以为你疏远了他，你们之间也就不复往日的亲密，尤其是当下的商业社会，大家都在为自己的事业奔波，与朋友相聚的时间都减少了，这样很容易忘了对方，因此即使是最好朋友之间，也要保持联系，偶尔打个电话问候一下对方，偶尔聚个餐，一起看看球赛，不要等好朋友疏远了，成为曾经相熟的人，才后悔不已。

3. 朋友沟通要以交际为前提

有些人认为，朋友就是要互相帮助，因此总是觉得自己的想法就是朋友的想法，认为朋友间不用计较那么多。如果你真的这么认为，那就大错特错了。

朋友之间有时确实是不分彼此，但是有些事却应该分清楚，如果是对双方都有益的事情，找朋友来帮忙，当然无可厚非；但是，如果对你有好处却对朋友造成伤害的事情，千万不要强求朋友去做，那样不仅有损朋友间的和气，严重的还会造成朋友关系的终止。

　　朋友之间，适当地保持距离是保证感情的最好方式。这让朋友双方更加自由、和谐，给彼此之间都留下了空间。聪明的人不会过分疏远别人，也不会靠别人太近。朋友间也更加优雅洒脱、逍遥自在。

参考文献

[1]云晓. 培养完美女孩的100个细节[M]. 北京：朝华出版社，2008.

[2]崔钟雷. 培养女孩完美性格的故事全集[M]. 长春：吉林美术出版社，2009.

[3]周增文. 别让性格误了孩子未来[M]. 北京：中国华侨出版社，2008.

[4]韩宏，刘慧滢. 培养最优秀的女孩[M]. 北京：中国妇女出版社，2010.

[5]满湘. 培养美丽自信的女孩[M]. 北京：新世界出版社，2009.